配套微课视频讲解

"十三五"高职高专规划教材·精品系列

CorelDRAW X5 TUXING SHEJI XIANGMUHUA JIAOCHENG

CorelDRAW X5
图形设计项目化教程

陈美湘　刘泓伶　蒋素娥　主　编

舒　蕾　何　嘉　王剑峰　副主编

中国铁道出版社有限公司
CHINA RAILWAY PUBLISHING HOUSE CO., LTD.

内 容 简 介

本书根据教育部有关职业院校数字媒体应用技术专业技能型紧缺人才培养指导方案精神，突出职业资格与岗位认知相结合的特点，以实用性为原则，从零起点开始介绍CorelDRAW X5的使用方法和技巧。本书共九个项目，分别为CorelDRAW X5图形设计基础、调和效果设计与制作、位图编辑与制作、海报设计与制作、企业VI设计与制作、包装设计与制作、封面设计与制作、卡通形象设计与制作、广告设计与制作等。本书从项目的角度展开教学，由浅入深、循序渐进地介绍使用CorelDRAW X5软件进行矢量图设计与制作所需掌握的知识点。本书配套网络教学资源可登录网站（http://www.cqepc.cn:8011/）获取相关教学资源。

本书适合作为高等职业院校数字媒体应用技术专业的授课教材，也可作为中高级职业资格与就业培训用书。

图书在版编目（CIP）数据

CorelDRAW X5图形设计项目化教程/陈美湘，刘泓伶，
蒋素娥主编. —北京：中国铁道出版社，2017.7（2019.12重印）
"十三五"高职高专规划教材. 精品系列
ISBN 978-7-113-23164-4

Ⅰ. ①C… Ⅱ. ①陈… ②刘… ③蒋… Ⅲ. ①图形
软件－高等职业教育－教材 Ⅳ. ①TP391.41

中国版本图书馆CIP数据核字(2017)第167869号

书　　名：CorelDRAW X5 图形设计项目化教程
作　　者：陈美湘　刘泓伶　蒋素娥　主编

策　　划：汪　敏　　　　　　　　读者热线：（010）63550836
责任编辑：秦绪好　冯彩茹
封面设计：刘　颖
责任校对：张玉华
责任印制：郭向伟

出版发行：中国铁道出版社有限公司（100054，北京市西城区右安门西街8号）
网　　址：http://www.tdpress.com/51eds/
印　　刷：北京柏力行彩印有限公司
版　　次：2017年7月第1版　2019年12月第2次印刷
开　　本：787 mm×1 092 mm　1/16　印张：17　字数：405 千
书　　号：ISBN 978-7-113-23164-4
定　　价：59.80 元

　　本书以目前常用的矢量图形处理软件 CorelDRAW X5 为蓝本，用丰富的项目设计范例，介绍计算机矢量图设计与制作的基本知识和操作技巧。通过学习和实践，学生能够灵活掌握矢量图设计处理的基本操作方法和技巧，为顺利就业打下良好的基础。本书在编排中打破传统教材"重理论、轻实践"和"只讲操作、不讲原理"的编写模式，以"项目教学"和"任务驱动"来构建教材体系，将理论和实践有机地结合起来，充分体现了"以服务为宗旨，以就业为导向"的高职学生培养模式和指导思想。在内容安排上，每个项目分为几个具体的任务（每个任务就是一个案例，让学生制作一个小作品）。本书不求知识点的系统性和完整性，只求知识和技能在学习上的循序渐进。对于基础较好的学生，可独立完成每个项目后的"项目实训"，进行"实战"能力的训练。

　　本书各项目尽量贴近生活需要，贴近工作要求，很多任务都来源于一些实际的作品，是编者数年教学、实践、教改经验的总结，很有代表性。学生在具体项目的制作过程中，可充分感受创作的满足感和成就感，进而在学习和模仿的过程中勇于创作出具有个性化的作品。本书各项目组成部分具有如下特点：

　　项目描述：介绍本项目的背景及学习的方向和岗位能力。

　　学习目标：了解本项目的知识目标、技能目标。

　　项目实训：在具备上述理论知识和操作技能的基础上进行模仿项目范例练习，通过最终效果、设计思路、操作步骤使学生巩固并加深所学到的知识和技能。

　　本书各任务组成部分具有如下特点：

　　任务描述：让学生简要了解本任务的知识点和应掌握的操作技能。

　　知识要点学习：详尽地讲解本任务中用到的和相关的一些知识点（项目一～项目三）。

小提示：在范例制作和知识讲解的过程中，经常会根据需要适时以"小提示"的形式给学生一些关键性的提示信息，使学生拓展知识面。

本书由陈美湘、刘泓伶、蒋素娥任主编，舒蕾、何嘉、王剑峰任副主编。具体编写分工如下：陈美湘负责编写项目三；舒蕾负责编写项目一、项目二；王剑锋负责编写项目四；刘泓伶负责编写项目五和项目六；蒋素娥负责编写项目七；何嘉负责编写项目八和项目九。全书由陈美湘负责统稿和改稿。

本书是重庆市高等教育教学改革重大项目（项目编号：101404）的研究成果之一，是重庆市高等职业院校专业能力建设"数字媒体应用技术专业"建设项目研究成果，也是该专业核心课程"CorelDRAW 图形设计"在线优质课程的配套用书。本课程教学时数为 80 学时（理论 40；实训 40），根据教学要求和学生的具体情况，建议在机房进行理实一体化教学。

由于编者水平有限，加之时间仓促，书中难免存在疏漏和不足之处，恳请读者批评指正。

编　者
2017 年 5 月

CONTENTS 目 录

CorelDRAW X5 图形设计基础

 项目描述

　　CorelDRAW 软件是 Corel 公司推出的优秀的矢量绘图及文档排版软件之一，因其功能强大、实用性强，自上市以来就一直受到广大设计者们的青睐。在使用 CorelDRAW X5 进行设计时会使用各种格式的图像，如 JPG、BMP、PSD 等，这些文件均不能被直接打开，但可以使用 CorelDRAW X5 中的导入与导出功能，把由其他应用软件生成的文件输入至当前文件中，或者将 CorelDRAW X5 中的文件以其他格式的图像进行存盘。

　　在设计文件处理完成之后，用户可将设计完成的作品使用打印机打印输出。在 CorelDRAW X5 中用户可以对即将输出的作品进行一些打印设置。

　　CorelDRAW X5 对图像的基本操作主要使用基本工具组中的各种工具，熟悉掌握 CorelDRAW X5 各种基本工具的设计制作技巧，可以绘制出一些基本图形和复杂的对象。

学习目标

　　知识目标：学习本项目后，应对 CorelDRAW X5 的功能有个初步的了解，区分矢量图和位图，掌握 CorelDRAW X5 的用户界面，学会界面的相关操作，学会文件的输入输出的相关操作，掌握各基本工具的使用。

　　能力目标：能进行 CorelDRAW X5 界面的相关操作，能对 CorelDRAW X5 页面进行各种设置，能进行文件的输入输出，能使用基本工具绘制图形。

重点与难点

　　重点：页面的各种设置，文件的输入输出，基本工具的使用。

　　难点：使用基本工具绘制各种矢量图形。

项目简介

　　任务一　新建、保存 CorelDRAW X5 文件

　　任务二　跨境电商 LOGO 的设计与制作

　　任务三　励志招贴画的设计与制作

更多惊喜

任务一　新建、保存 CorelDRAW X5 文件

【任务目标】

- 掌握 CorelDRAW X5 中新建文件的基本操作。
- 掌握 CorelDRAW X5 中保存文件的基本操作。

【任务描述】

本任务主要介绍 CorelDRAW X5 中新建、保存文件的基本操作。

【任务实施】

1. 新建和打开文件

1) 使用 CorelDRAW X5 启动时的欢迎窗口新建和打开文件

步骤 **01**　打开 CorelDRAW X5 软件，启动后的欢迎窗口界面如图 1-1 所示；单击"新建空白文档"图标，可以建立一个新的文档，如图 1-2 所示。

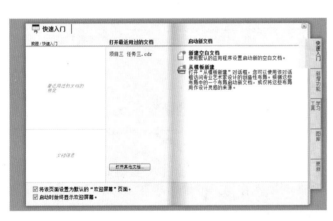

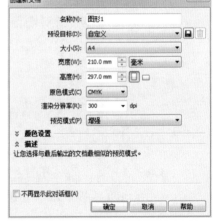

图1-1　欢迎窗口界面　　　　　　　　　　图1-2　创建新文档

步骤 **02**　单击"从模板新建"图标，可以使用系统的模板创建文件，如图 1-3 所示。

步骤 **03**　单击"打开最近用过的文档"下方的文件名，可以打开最近编辑过的文件，在左侧的"最近使用过的文件预览"框中显示选中文件的效果图，在"文档信息"框中显示文件名称、文件创建的时间和位置、文件大小等信息，如图 1-4 所示。

步骤 **04**　单击"打开其他文档"按钮，弹出如图 1-5 所示的"打开绘图"对话框，可以从中选择需要打开的文件。

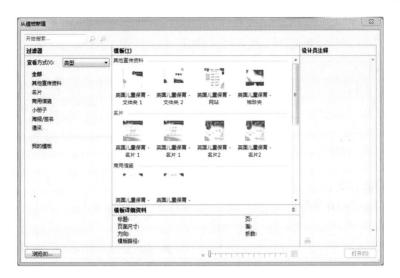

图1-3　从模板新建文件

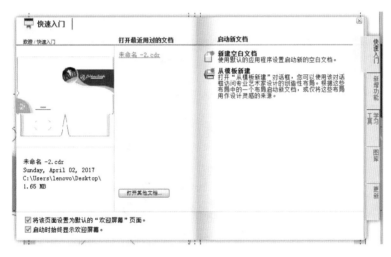

图1-4　最近使用过的文件预览

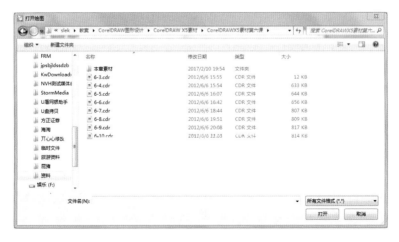

图1-5　打开其他文档

2）使用命令和快捷键新建和打开文件

单击"文件"→"新建"命令，或按 Ctrl+N 组合键，可以新建文件；单击"文件"→"从模板新建"或"打开"命令，或按 Ctrl+O 组合键，可以打开文件。

3）使用标准工具栏新建和打开文件

可以使用 CorelDRAW X5 标准工具栏中的"新建"按钮 和"打开"按钮 来新建和打开文件。

2．保存和关闭文件

1）使用命令和快捷键保存文件

单击"文件"→"保存"命令，或按 Ctrl+S 组合键，可以保存文件；单击"文件"→"另存为"命令，或按 Ctrl+Shift+S 组合键，可以更名保存文件。

如果是第一次保存文件，在执行上述命令后，会弹出如图 1-6 所示的"保存绘图"对话框，可以设置"文件名""保存类型"等选项。

图1-6　"保存绘图"对话框

2）使用标准工具栏保存文件

可以使用 CorelDRAW X5 标准工具栏中的"保存"按钮 来保存文件。

3）使用命令和快捷键按钮关闭文件

单击"文件"→"关闭"命令，或按 Alt+F4 组合键，或单击绘图窗口右上角的"关闭"按钮 ，可以关闭文件。

此时，如果文件修改后并未保存，将弹出如图 1-7 所示的提示框，询问用户是否保存文件修改。单击"是"按钮，则保存文件修改；单击"否"按钮，则不保存文件修改；单击"取消"按钮，则取消当前操作。

图1-7　保存文件提示框

【知识要点学习】

1.1.1 初识 CorelDRAW X5

CorelDRAW 是基于矢量图形的绘图软件。用户可以使用 CorelDRAW 很轻松地进行广告设计、封面设计、CIS 设计、产品包装造型设计、网页设计和印刷制版等工作。还可以将绘制好的矢量图转换为不同格式的位图，并且可以使用各种位图效果，如三维效果、模糊效果、艺术效果。另外，CorelDRAW 软件还可以导入 Office、Photoshop、Illustrator 及 AutoCAD 等软件输入的文字和绘制的图形，并能对其进行处理，更大程度地方便了用户。

1. 平面设计

平面设计是指把文字、图形、图像灵活地组合起来产生出各种视觉效果，以表达不同情感和思想的印刷品、宣传品。平面设计的范畴包括广告设计、企业形象设计、书籍设计、包装设计、网页设计和多媒体设计等。

2. 位图图像和矢量图形

计算机图形主要分为两大类：位图图像和矢量图形。了解两类图形间的差异，对创建、编辑和导入图片很有帮助。

1）位图图像

位图图像在技术上称为栅格图像，它使用彩色网格即像素来表现图像。每个像素都具有特定的位置和颜色值。例如，位图图像中的自行车轮胎由该位置像素的马赛克组成。在处理位图图像时，所编辑的是像素，而不是对象或形状。位图图像是连续色调图像最常用的电子媒介，如照片或数字绘画，因为它们可以表现阴影和颜色的细微层次。位图图像与分辨率有关，也就是说，它们包含固定数量的像素。因此，如果在屏幕上对它们进行缩放或以低于创建时的分辨率来打印，将丢失其中的细节，并会出现锯齿状。

位图图像善于重现颜色的细微层次，如照片的颜色层次。当以过大的尺寸打印或以过高的放大倍数显示时，可能会有锯齿状边缘。

2）矢量图形

矢量图形由称为矢量的数学对象定义的线条和曲线组成。矢量根据图像的几何特性描绘图像。例如，矢量图形中的自行车轮胎由数学定义的圆组成，圆以某一半径画出，放在特定位置并填充有特定颜色。移动轮胎、调整其大小或更改其颜色不会降低图形的品质。

矢量图形与分辨率无关。也就是说，可以将它们缩放到任意尺寸，可以按任意分辨率打印，而不会遗漏细节或降低清晰度。因此，矢量图形是表现标志图形的最佳选择。标志图形（如徽标）在缩放到不同大小时必须保留清晰的线条，两种图形的比较如图 1-8 所示。

位图　　　　　　矢量图

图1-8　位图和矢量图

因为计算机显示器通过将图像显示在网格上来表现图像，因此，矢量数据和位图数据在屏幕上都是以像素显示的。

3．像素和像素尺寸

1）"像素"

"像素"（Pixel）是用来计算数字图像的一种单位，把数字图像放大数倍，会发现这些图像其实是由许多色彩相近的小方点所组成，这些小方点就是构成影像的最小单位"像素"。

2）像素尺寸

像素尺寸是指位图图像的高度和宽度的像素数量。图像在屏幕上的显示尺寸由图像的像素尺寸和显示器的大小与设置决定。例如，典型的 15 英寸显示器水平显示 800 个像素，垂直显示 600 个像素。尺寸为 800×600 像素的图像将充满此小屏幕。在像素设置为 800×600 的更大的显示器上，同样的图像（尺寸为 800×600 像素）仍将充满屏幕，但每个像素看起来更大。将大显示器的设置更改为 1024×768 像素，则图像会以较小尺寸显示，但仅占部分屏幕。图像以多大尺寸在屏幕上显示取决于多种因素：图像的像素尺寸、显示器大小和显示器分辨率设置。屏幕分辨率的设置如图 1-9 所示。

图1-9　设置屏幕分辨率

4．图像分辨率和文件大小

1）图像分辨率

图像分辨率是指图像中每单位打印长度上显示的像素数目，通常用像素／英寸（ppi）表示。图像中细节的数量取决于像素尺寸，而图像分辨率控制打印像素的空间大小。

2）文件大小

图像文件大小的度量单位是千字节(KB)、兆字节（MB）或千兆字节（GB）。文件大小与图像的像素尺寸成正比。在给定的打印尺寸下，像素多的图像产生更多的细节，但它们所需的磁盘存储空间也更多，而且编辑和打印速度较慢。例如，1×1 英寸 200 ppi 的图像所包含的像素是1×1 英寸 100 ppi 的图像所包含的像素的四倍，所以文件大小也是它的四倍。图像分辨率也因此成为图像品质（捕捉所需要的所有数据）和文件大小之间的代名词。

5. 颜色模式

通常使用的计算机显示器屏幕上所显示的颜色变化很大，受周围光线、显示器和房间温度的影响，只有准确校正的显示器才能正确地显示颜色。计算机是通过数字化方式定义颜色特性的，通过不同的色彩模式显示图像，比较常用的色彩模式有RGB模式、CMYK模式、Lab模式、Crayscale灰度模式、Bitmap模式。

（1）RGB模式的配色原理是加色混合法。把红、绿、蓝三种颜色叠加起来可以得到白色，显示器和扫描仪采用有色光，通过把不同量的红、绿、蓝三种分量组合起来，就可以在这些设备上产生各种颜色。显示器的显像过程就是加色原理的例子，如图1-10所示。

（2）CMYK模式的配色原理是减色混合法。颜料有选择地吸收一些颜色的光，并反射其他一些颜色的光。由于青色、品红色和黄色吸收与其互补的加性原色，所以这几种颜色称为减性彩色。彩色印刷设备利用减性原色产生各种色彩。颜料的色彩取决于所能吸收和反射的光的波长。颜料及印刷油墨等就是减色原理的例子。彩色印刷通常是使用黄（Y）、品（M）、青（C）三色油墨及黑色（K）油墨来完成的，黑色油墨常被用以加重暗调、强调细节、补偿彩色前面颜料的不足，如图1-11所示。

图1-10　加色原理　　　　　　　　　　　图1-11　减色原理

（3）Lab模式的特点是在使用不同的显示器或打印设备时，它所显示的颜色都是相同的。

（4）Crayscale灰度模式，计算机通常将灰度分为256级灰阶，一幅灰度图像在转成CMYK模式后可以增加彩色，但是如果将CMYK模式的彩色图像转为灰度模式则颜色不能恢复。

（5）Bitmap模式，Bitmap模式的像素只有黑或白，不能使用编辑工具，只有灰度模式才能转换成Bitmap模式。

1.1.2　CorelDRAW X5用户界面

进入CorelDRAW X5后，呈现在用户眼前的是一个基本工作窗口，如图1-12所示。可以看出，和大多数软件相同，CorelDRAW X5也包括菜单、工具栏、工具箱、属性栏等一些元素。

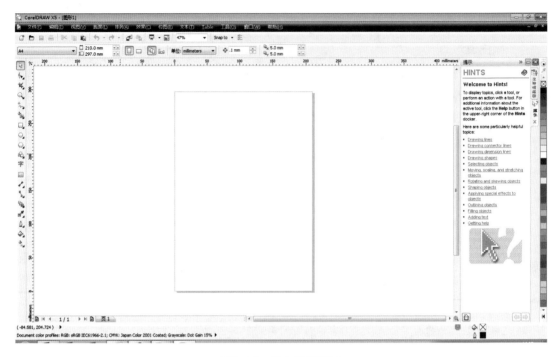

图1-12　基本工作窗口

1．标题栏

标题栏位于文件窗口顶部，显示当前的文件名称，以及用于最小化、最大化和关闭的按钮。

2．菜单栏和主工具栏

如图1-13所示，菜单栏包括文件、编辑、查看、版面、排列、效果、位图、文本、工具、窗口和帮助11类菜单。每个菜单下又包含若干个子菜单。

图1-13　菜单栏

主工具栏由一组图标按钮组成，它们是一些常用菜单的按钮化表示，单击这些图标按钮即可执行相应的命令。

3．属性栏

CorelDRAW X5的属性栏如图1-14所示，在CorelDRAW X5的应用过程中，属性栏是非常重要的一个功能栏，它可以显示任何一个对象的属性，用户可以通过属性栏中参数的设置更改对象的属性（如调整对象的大小、位置、多边形的边数、字体的种类及字号大小等）。

图1-14　属性栏

4．工具箱

工具箱包含一系列常用的绘图、编辑、填色等工具，可用来绘制或修改对象的外形，修改外框及图形内部区域的颜色。如图1-15所示，有些工具右下角有黑色小三角，表示还有隐藏的工具，要显示这些隐藏工具，只需单击黑色小三角并按住鼠标不放即可。

图1-15　工具箱

5．调色板

调色板位于CorelDRAW X5窗口右方，有很多色块组成，可以通过调色板上的色块调整对象的内部区域和外框的颜色。

1.1.3　页面基本设置

使用CorelDRAW X5经常要设置页面，尤其是在做平面广告及各种印刷品时。页面设置包括的内容很多，下面以几个最常用的属性为例说明页面设置的方法。通过这个例子我们要学习页面的各种设置，主要包括页面大小、方向、背景、标尺、网格和辅助线等。

1．页面大小设置

单击"布局"→"页面设置"命令，弹出"选项"对话框，如图1-16所示。在"大小"下拉列表中可以设置页面的大小，如A4、A5、A6等，也可以自定义大小，纸张大小的单位一般选毫米（也可以选别的单位，如像素），这里选择最常用的A4型号纸张。

也可以设置页面方向，选择"纵向"按钮则页面纵放，选择"横向"按钮则页面横放。

单击页面的属性栏中的"横向"按钮▢可横向放置页面，单击"纵向"按钮▢可以纵向放置页面，如图1-16所示。

图1-16　"选项"对话框

2．页面背景设置

单击"文档"下的"背景"选项，如图 1-17 所示。

图1-17　"背景"设置界面

CorelDRAW X5 默认为"无背景"状态，选择"纯色"单选按钮，单击右边的下拉色框，如图 1-18 所示，可以选择一种颜色作为背景色，这里选择蓝色作为背景。也可以选择一幅位图作为背景。

图1-18　选择"纯色"背景

另外，单击"页面尺寸"选项，可以设置页边框、打印区域和出血区域是否显示，如图 1-19 所示。

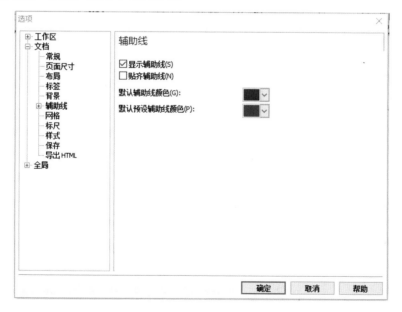

图1-19 "页面尺寸"设置界面

3. 辅助线的设置

单击"辅助线"选项，如图 1-20 所示。

图1-20 "辅助线"设置界面

用户可以在这里设置辅助线的各种属性，如水平辅助线、垂直辅助线及辅助线颜色等。下面以水平辅助线为例说明辅助线的设置方法。单击"辅助线"下的"水平"选项，如图 1-21 所示，在"水平"下面的文本框中输入想要设置辅助线的坐标值，如 100，然后单击"添加"按钮，重复这样的操作，可以继续添加辅助线，设置好后单击"确定"按钮即可。

图1-21　水平辅助线的设置

4. 标尺与网格

标尺分为水平标尺和垂直标尺，用来显示各对象的尺寸记载工作页面上的位置，用户可以通过单击"查看"→"标尺"命令打开或是关闭标尺。

网格是页面上均匀的小方格，也用来辅助确定对象的位置。要显示和关闭网格，可单击"查看"→"网格"命令。

5. 文件的相关操作

CorelDRAW X5的相关操作主要包括新建文件、打开已有文件、保存文件、关闭文件和退出CorelDRAW X5应用程序，这里不做过多论述。

任务二　跨境电商 LOGO 的设计与制作

【任务目标】

掌握"绘图工具""形状工具""填充工具""文本工具"等技术技巧，并会使用常用快捷键的操作。

【任务描述】

通过跨境电商LOGO的设计与制作，学习CorelDRAW X5基本工具的使用。本任务主要学习"绘图工具""形状工具""填充工具""文本工具"等工具及快捷键的操作。

跨境电商LOGO的效果图如图 1-22 所示。

图1-22　跨境电商LOGO效果图

【任务实施】

步骤 **01**　单击"文件"→"新建"命令，打开"新建"对话框，创建一个 500×500 像素、背景色为白色的空白文件，具体设置如图 1-23 所示。

图1-23　新建文档

步骤 **02**　绘制耳朵部分，用"手绘工具" 勾勒出袋鼠耳朵的大致外形，然后用"形状工具" 进行调整，且使用"填充工具" 依次进行填充，填充颜色为 RGB（243,152,0）、RGB（251,214,182），轮廓色设置为无，效果如图 1-24 所示。

图1-24 绘制袋鼠耳朵

步骤 **03** 使用"贝塞尔工具" 和"形状工具" 对袋鼠的头部进行绘制，且填充颜色，鼻子部分颜色为RGB（37,26,22）和RGB（144,139,138），眼睛部分颜色为RGB（255,255,255）和RGB（36,26,22），轮廓色设置为无，效果图如图1-25所示。

图1-25 绘制袋鼠头部

步骤 **04** 使用"贝塞尔工具" 和"形状工具" 对袋鼠的身体进行绘制，手部的填充颜色为RGB（243,152,1）和RGB（220，118,0），身体部分从上到下填充颜色依次为RGB（243,202,148）、RGB（251,214,182）、RGB（250,202,148）、RGB（220，118，0）和RGB（220,119,0），整体轮廓色设置为无，效果如图1-26所示。

图1-26 绘制袋鼠身体部分

步骤 **05** 将耳朵、头部、身体使用Ctrl+G快捷键进行组合。

步骤 **06** 使用"贝塞尔工具" 和"形状工具" 对手推车的把手部分进行绘制,单击"填充工具" ,对手推车的把手部分进行 RGB (205,205,204) 和 RGB (0,0,0) 的填充,轮廓色设置为无,效果如图 1-27 所示。

步骤 **07** 使用手推车的把手部分的制作方法绘制篮筐部分,填充颜色部分从里到外依次为 RGB (76,73,62)、RGB (29,191,37)、RGB (1,146,64)、RGB (131,193,37) 和 RGB (110,104,100),轮廓色为无,效果如图 1-28 所示。

图1-27 推车把手绘制

图1-28 绘制篮筐

步骤 **08** 使用同样的方法绘制手推车的车轮,填充颜色部分由下到上依次为 RGB (49,56,53)、RGB (30,25,22) 和 RGB (204,204,204),轮廓色为无,效果如图 1-29 所示。

图1-29 绘制车轮

步骤 **09** 使用同样的方法绘制篮筐内的货物,填充颜色部分由上到下依次为 RGB (220,158,92)、RGB (219,201,85)、RGB (243,224,98)、RGB (145,103,61) 和 RGB (255,255,255),轮廓色为无,效果如图 1-30 所示。

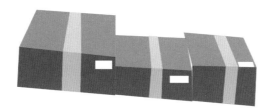

图1-30 绘制货物

步骤 **10** 所有部分使用 Ctrl+G 组合键组合在一起，效果如图 1-31 所示。

图1-31　组合手推车

步骤 **11** 移到袋鼠手部的后一层，且使用 Ctrl+G 组合键群组袋鼠以及手推车，效果如图 1-32 所示。

图1-32　组合袋鼠和手推车

步骤 **12** 单击"矩形工具" ▢，在空白处绘制一个矩形，修改其大小为367 mm×105 mm，单击"形状工具" ⬚，将会出现如图 1-33 所示的黑色浮标，拖动黑色浮标到一定位置，直角矩形将会变为圆角矩形，填充其颜色为 RGB（218,37,29），其效果如图 1-34 所示。

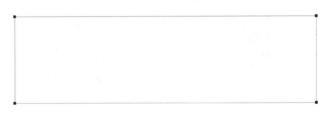

图1-33　绘制矩形

图1-34　填充颜色

步骤 **13** 单击"文字工具" ，在空白处输入"澳购商城"，设置其字体为迷你简汉真广标，字体大小为 177 pt，然后使用"形状工具" 移动文字右下方的浮标，设置字体之间的间距。用相同的方法再次输入文字"WWW.AOGOUHUI.COM"，设置其字体为迷你简汉真广标，字体大小为 46 pt，其效果如图 1-35 所示。

图1-35　输入文字

步骤 **14** 群组矩形框与文字。

步骤 **15** 将设置好的文字放置到袋鼠下方且移动到最后一层。

步骤 **16** 将绘制好的所有图形保存为 CDR 格式，其最终效果如图 1-36 所示。

图1-36　最终效果图

【知识要点学习】

1.2.1 挑选、矩形、椭圆、多边形及基本形状工具的使用

在 CorelDRAW X5 的工具箱中提供了一些用于各种绘制、编辑图形的工具。系统默认工具箱位于工作区的左边。在基本工具箱中放置了经常使用的编辑工具，并将功能近似的工具以展开的方式归类组合在一起，从而使操作更加灵活方便，如 1-37 所示。

图1-37　工具箱

1. 挑选工具

"挑选工具"是最基本的操作工具，主要用于选取对象后方便其他工具对其进行编辑操作，其次用来做基本的编辑，如平移、旋转、拉伸，如图 1-38 所示。

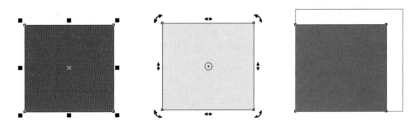

图1-38　"挑选工具"的使用

 小提示

双击"挑选工具"，可以选中工作区中所有的图形对象。

2. 矩形工具

（1）矩形工具（包括"矩形工具"　与"3 点矩形工具"　）：使用"矩形工具"可以绘制出矩形和正方形、圆角矩形，如图 1-39 所示。

图1-39　"矩形工具"的使用

提醒

① 双击"矩形工具"，可以绘制出与绘图页面大小一样的矩形。

② 按住 Shift 键的同时拖动鼠标，即可绘制出以鼠标单击点为中心的图形；按住 Ctrl 键的同时拖动鼠标绘制正方形。

③ 按住 Ctrl＋Shift 组合键的同时拖动鼠标，可绘制出以鼠标单击点为中心的正方形。

（2）圆角矩形：绘制出矩形后，单击"形状工具"，单击矩形边角上的一个黑色浮标并按住左键拖动，矩形将变成有弧度的圆角矩形。

使用"矩形工具"绘制矩形、正方形、圆角矩形后，在属性栏中则显示出该图形对象的属性参数，通过改变属性栏中的相关参数设置，可以精确地创建矩形或正方形，如图 1-40 所示。

（3）在"矩形工具"的属性栏中设置对矩形四角圆滑的数值，单击"全部圆角"按钮，则全部角被圆滑。反之，则只圆滑设置数值的角，如图 1-41 所示。

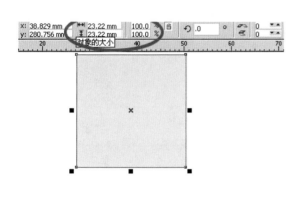

图1-40　"矩形工具"参数设置

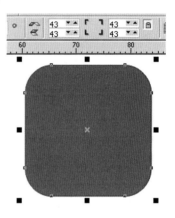

图1-41　"圆角矩形"设置

（4）3 点矩形工具：这个工具主要是为了精确勾图与绘制一些比较精密的图准备的（如工程图等），它们是矩形工具的延伸工具，能绘制出有倾斜角度的矩形。

小提示

① 单击"3点圆形工具"。

② 在工作区中按住鼠标左键并拖动，此时两点间会出现一条直线。

③ 释放鼠标后移动光标的位置，然后在第三点上单击鼠标完成绘制。

3．椭圆工具

使用"椭圆工具"（包括"椭圆工具"与"3 点椭圆工具"）可以绘制出椭圆、圆、饼形和圆弧。下面利用"椭圆工具"属性栏中的工具来修改图形外面。

在属性栏中有三个选项：椭圆、饼形和圆弧，单击不同的按钮，可以绘制出椭圆形、圆形、饼形或圆弧；在框中设置饼形或圆弧的起止角度，可以得到不同的饼形或圆弧，如图 1-42 所示。

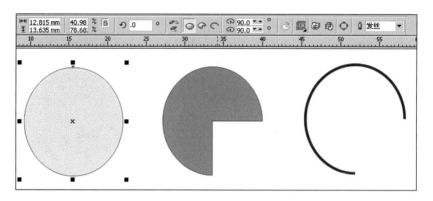

图1-42 "椭圆工具"的使用

 提醒

① 也可以根据自己的喜好进行调整，单击"变形工具"，再拖动圆形的控制点至需要的位置。

② 在四个控制点均被选中的情况下，拖动其中一点可以使其成为正规的圆角矩形；如果只选中其中一个控制点进行拖拉，则变成不正规的圆角矩形。

 小提示

① 单击"3点圆形工具"。

② 在工作区中按住鼠标左键并拖动，此时会出现一条直线。

③ 释放鼠标后移动光标的位置，然后在第三点上单击完成绘制。

4．多边形工具

使用"多边形工具"可以绘制出多边形、星形和多边星形。单击"多边形工具"，在属性栏上中进行设置后即可开始绘制多边形或星形。

（1）基础星形的绘制如图1-43所示。

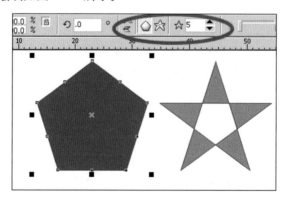

图1-43 基础星形的绘制

（2）对多边形进行对称变形处理。选择一个已经绘制好的对象，单击"变形工具" ，然后将光标移动到多边形对象的某个控制点上，改变一个控制点时，其余控制点也发生变化，如图 1-44 所示。

图1-44　多边形对称变形处理

（3）螺旋形工具。螺旋线是一种特殊的曲线。利用"螺旋线工具"可以绘制两种螺旋纹：对称式螺纹和对数式螺纹。

 注意

　　对称式螺旋是对数式螺旋的一种特例，当对数式螺旋的扩张速度为1时，就变成了对称式螺旋（即螺旋线的间距相等），如图1-45所示。对数式螺旋的扩张速度越大，相同半径内的螺旋圈数就会越少，如图1-46所示。

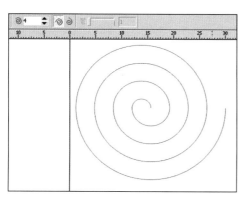

图1-45　对称式螺旋

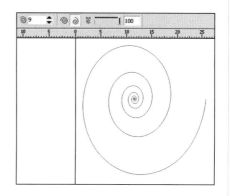

图1-46　对数式螺纹

5. 基本形状工具

基本形状工具组为用户提供了五组几十个外形选项：

(1) 基本形状 ，如图 1-47 所示。

(2) 箭头形状 ，如图 1-48 所示。

(3) 流程图形状 ，如图 1-49 所示。

图1-47 基本形状

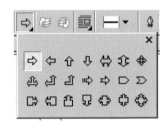

图1-48 箭头形状

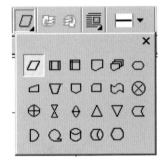

图1-49 流程图形状

(4) 星形形状 ，如图 1-50 所示。

(5) 标志形状 ，如图 1-51 所示。

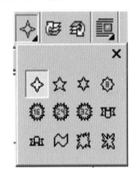

图1-50 星形形状

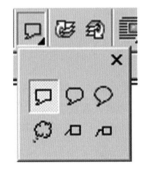

图1-51 标志形状

1.2.2 手绘、贝塞尔及自然（艺术）笔工具的使用

1. 手绘工具

"手绘工具"提供了最直接的绘图方法，用户可以通过在页面上移动鼠标进行绘制，方法简单、操作方便，就像在纸上使用铅笔一样，但是其结果经常是不精确的，如图 1-52 所示。

"手绘工具"除了绘制简单的直线（或曲线）外，还可以配合其属性栏的设置，绘制出各种粗细、线型的直线（或曲线）以及箭头符号。在下拉列表框中设置起点箭头类型、线段类型及终点箭头类型，如图 1-53 ~图 1-55 所示。

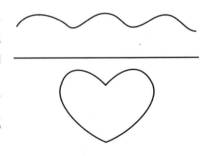

图1-52 "手绘工具"的使用

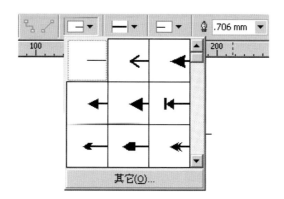

图1-53 起点箭头类型

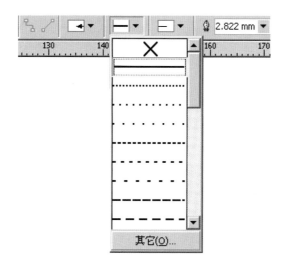

图1-54 线段类型

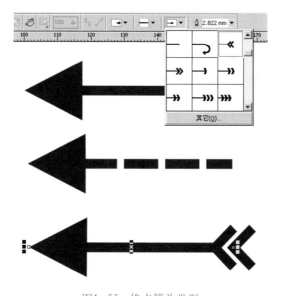

图1-55 终点箭头类型

> **小提示**
>
> 按住 Ctrl 键不放，可以水平地绘制直线或呈一定增量角度（系统默认15°）地倾斜绘制直线。

2. 贝塞尔工具

利用该工具可以绘制出贝塞尔曲线、直线、连续纵向曲线。如果绘制的贝塞尔曲线不理想可以使用形状工具 调整，"贝塞尔工具"是通过改变控制点的位置来控制及调整曲线的弯曲程度，用"贝赛尔工具"绘制的图案效果如图1-56所示。

图1-56　"贝塞尔工具"的使用

3. 艺术笔工具

"艺术笔工具"是 CorelDRAW X5 提供的一种具有固定或可变宽度及形状的特殊的画笔工具。"自然笔工具"和"手绘工具"的操作方法类似，通过单击属性栏上相应的按钮可以创建具有特殊艺术效果的线段或图案。选择"艺术笔工具"，"艺术笔工具"的属性栏中提供了五个功能各异的笔形按钮及其功能选项设置，如图1-57所示。

图1-57　"艺术笔工具"属性栏

选择了笔形并设置号宽度等选项后，在绘图页面中单击并拖动鼠标，即可绘制出丰富多采的图案效果。五个功能各异的笔形按钮如下：

1）"预设"按钮

此选项用于预置艺术媒体笔的形状。在滑块栏中设置画笔笔触的平滑程度；在选项栏中设置画笔笔触的宽度；在下拉列表栏中选择 CorelDRAW X5 提供的几十种画笔的形状，如图1-58所示。

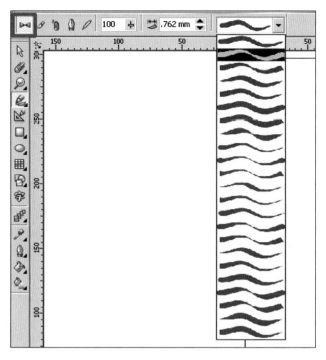

图1-58　"预设"属性设置

2）"笔刷"按钮

"笔刷"属性设置栏如图 1-59 所示。

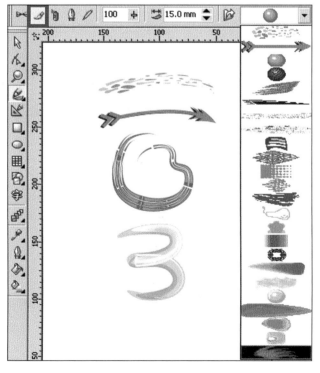

图1-59　"笔刷"属性设置

3）"喷罐"按钮

"喷罐"属性设置如图1-60所示。

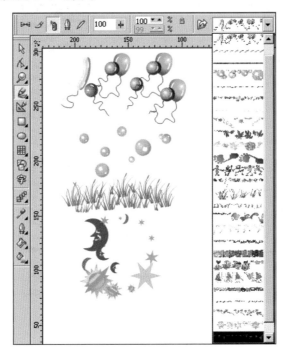

图1-60　"喷罐"属性设置

4）"书法"按钮

"书法"属性设置及利用书法艺术笔绘制的艺术文字如图1-61所示。

图1-61　书法艺术字

5）"压力"按钮

"压力"属性设置如图1-62所示。

图1-62 "压力"属性设置

1.2.3 变形工具的使用

Corel DRAW X5 提供了七种专门用于变形的工具：形状工具、自由变形工具、刻刀工具、橡皮擦工具、粗糙笔刷工具、涂抹笔刷工具和虚拟段删除工具。

1. 形状工具

使用"形状工具"的变形操作主要是通过调节图形或位图上的控制点、控制柄、轮廓曲线进行的，以下是对这三种操作的解释：

（1）调节控制点：使用"形状工具"对控制点的操作包括移动控制点、增加控制点、减少控制点、改变控制点属性（借助于属性栏）等。

（2）调节控制柄：使用"形状工具"对控制柄的操作包括伸长、缩短、改变方向等。

（3）调节轮廓曲线：使用"形状工具"对轮廓曲线的操作主要是直接拖动曲线本身而将其变形，如图1-63所示。

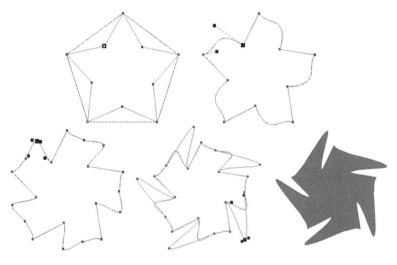

图1-63 "形状工具"的使用

2. 自由变形工具

"自由变形工具"包括四种不同的变形工具，可以通过在自由变形工具的属性栏上单击工具按钮来选择所需要的工具。

（1）"自由旋转工具"按钮：单击该按钮即可选择自由旋转工具。

（2）"自由镜像工具"按钮：单击该按钮即可选择自由镜像工具。

（3）"自由缩放工具"按钮：单击该按钮即可选择自由缩放工具。

（4）"自由倾斜工具"按钮：单击该按钮即可选择自由倾斜工具。

"自由变形工具"的使用如图1-64所示。

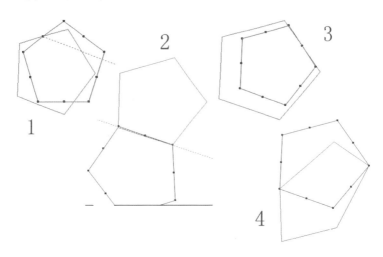

图1-64　"自由变形工具"的使用

3. 刻刀工具

"刻刀工具"是专门对曲线或图形变形的工具，使用它可以制作出一些很具有逻辑性而且使用其他工具又极难完成的作品（注：为了便于理解，本节所说的图形均是指未转换成曲线的矢量图形。）。这是因为它可以在曲线内部任意两点（即除端点以外的点）之间完成下列任意一种操作，如图 1-65 所示。

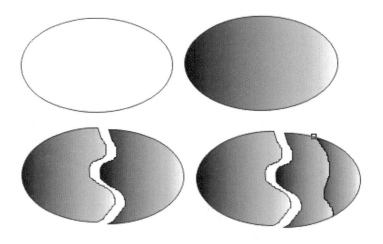

图1-65　"刻刀工具"的使用

4. 橡皮擦工具

橡皮擦工具主要功能是擦除曲线，矢量图形或美术文本（注：为了便于理解，本节所说的图形均未转换成曲线的矢量图形。）如果是闭合曲线或矢量图形，橡皮擦工具还可以擦除内部的填

充（包括单色，渐变，图案，底纹等填充），如图 1-66 所示。效果如图 1-67 所示

图1-66 橡皮擦工具的使用   图1-67 擦除后的效果

5. 粗糙笔刷工具

粗糙笔刷工具也是 CorelDRAW X5 的新增工具，它的作用是在曲线上添加多个控制点。在属性栏中可以调节相关参数，效果如图 1-68 所示。

图1-68 "粗糙笔刷工具"的使用

6. 涂抹笔刷工具

使用"涂抹笔刷工具"可以在对象上进行涂抹。涂抹是通过拖动曲线对象或对象群组的轮廓以使曲线对象变形，如图 1-69 所示。

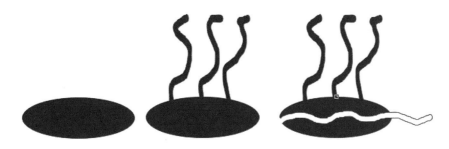

图1-69 "涂抹笔刷工具"的使用

7. 虚拟段删除工具

使用"虚拟段删除工具"可以将交点之间的连线（也称虚拟段）删除，如图 1-70 所示。

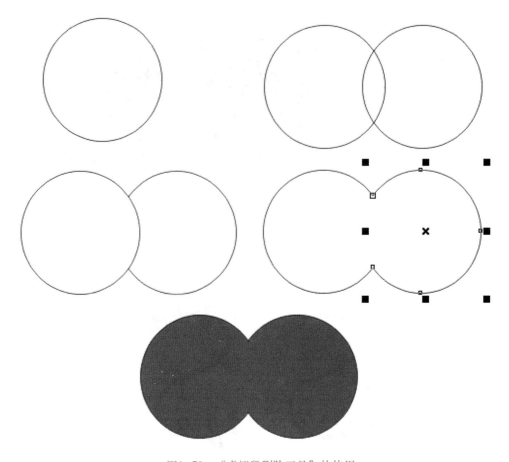

图1-70 "虚拟段删除工具"的使用

 提醒

如果要对两个相交半圆进行填充。先框选两半圆后在属性栏中单击"结合"按钮，即可结合两对象为一个对象。然后单击"形状工具"，框选需要连接的两个端点，再在属性栏中单击"连接两个接点"按钮，直到对象封闭后才可以进行填充。

1.2.4 填充工具和轮廓工具的使用

1. 填充工具🖍

色彩填充对于作品的表现是非常重要的，在 CorelDRAW X5 中，主要有均匀填充、渐变色填充、图案填充、底纹填充、PostScript 填充几种填充方式。

1）均匀填充■

均匀填充是最普通的一种填充方式，如图1-71所示。在 CorelDRAW X5 中有预制的调色板，可以通过"窗口"→"调色板"命令打开调色板，如图1-72所示。

图1-71 "均匀填充"对话框

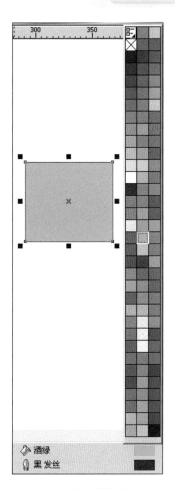

图1-72 调色板

 小提示

（1）选中对象，在调色板中需要的颜色上单击。

（2）将调色板上的颜色拖至对象上，然后释放鼠标即可。

虽然 CorelDRAW X5 中有许多默认的调色板，但是相对于数量上百万种颜色来说，在很多情况下都要对标准填充颜色进行自定义，以确保颜色的准确。

 小提示

选中要填充的对象，单击"填充工具"下的"均匀填充"命令，在打开的"均匀填充"对话框中选择颜色的模式及颜色。

2）渐变填充 ■

CorelDRAW X5的"渐变填充"包括"线性""射线""圆锥""方角"四种渐变色中，可以灵活利用各个选项得到色彩缤纷的渐变填充。选中要填充的对象，单击"色彩填充"下的"渐变填充"命令，弹出"渐变填充"对话框，如图 1-73 所示。

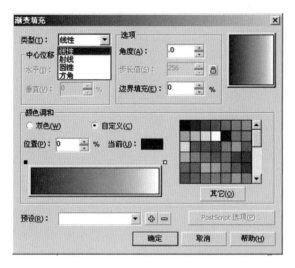

图1-73 "渐变填充"对话框

（1）双色渐变。有四种渐变填充选项：线性填充、射线填充、圆锥填充和方角填充。

在"颜色调和"选项中，有"双色""自定义"两项，其中"双色填充"是 CorelDRAW X5默认的渐变色彩方式。"中心"滑块可以调整射线、圆锥等渐变方式的填色中心点位置，如图1-74所示。

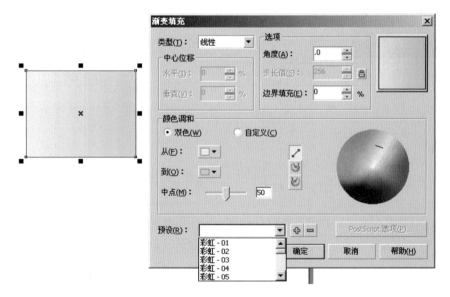

图1-74 双色填充效果

（2）自定义填充。选择"自定义"选项，用户可以在渐变轴上双击增加颜色控制点，然后在右边的调色板中设置颜色，如图1-75所示。在三角形上双击，可以删除颜色点。也可以通过"渐变填充"对话框下方的"预设"下拉列表，在 CorelDRAW X5 预先设计好的渐变色彩填充样式中进行选择。

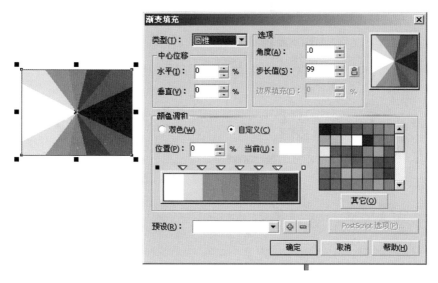

图1-75　自定义填充效果

3）图案填充

选中要填充的对象，单击"填充工具"下的"图案填充"命令，CorelDRAW X5 为用户提供了三种图案填充模式：双色、全色和位图模式，有各种不同的花纹和样式供用户选择，如图 1-76 所示。

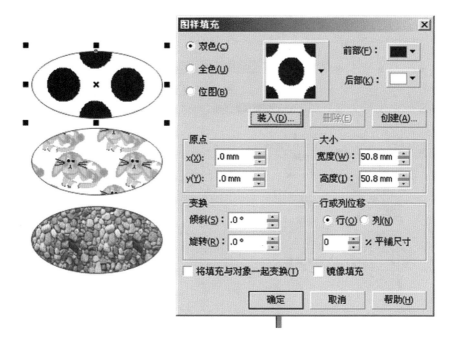

图1-76　图案填充

4）底纹填充

选中要填充的对象，单击"填充工具"下的"底纹填充"命令，打开"底纹填充"对话框，在这里 CorelDRAW X5 为用户提供了 300 多种纹理样式及材质，有泡沫、斑点、水彩等，用户在选择各种纹理后，还可以在"底纹填充"对话框进行详细设置，如图1-77所示。

图1-77　底纹填充效果

5）PostScript 填充📷

PostScript填充是由PostScript 语言编写出来的一种底纹，单击"填充工具"下的"PostScript 填充"命令，在打开的对话框中进行 PostScript 样式选择及设置，如图1-78所示。

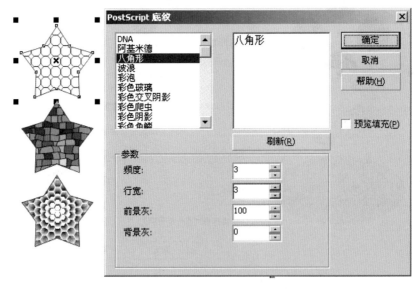

图1-78　PostScript填充效果

2. 轮廓笔工具🖊

利用"轮廓笔工具"可以对图形的轮廓进行设置，如改变轮廓的样式、宽度、颜色和添加箭头以及是否把轮廓设为虚线等。其中：⊠表示没有外框，⚙表示极细的边框，▬为半点宽度，▬为1宽度，▬为2点宽度，▬为8点宽度，▬为16点宽度，▬为24点宽度。

1.2.5　文本工具的使用

1．基本文本

单击"文本工具"，在工作区中单击，出现闪烁光标后即可输入文字，如图1-79所示。

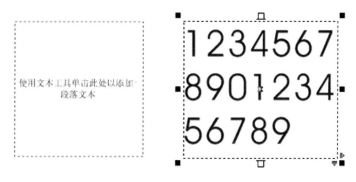

图1-79　基本文本

2．段落文本

段落文本适用于较大篇幅文本的编辑，单击"文本工具"，像拖矩形一样拖出一个文本框，然后即可输入文本，文本则会在这个文本框内排列，图1-80所示。

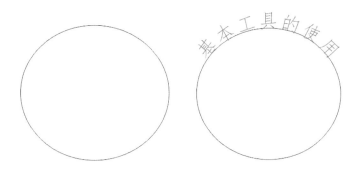

图1-80　段落文本

3．路径文本

首先绘制一个路径，然后单击"文本工具"，将鼠标指针移到路径起始点，当指针变为 I 形时单击，即可沿着这个路径创建文字，如图1-81所示。

图1-81　路径文本

4．图形内文本

也可以直接在封闭的对象内部直接创建段落文本，首先创建一个封闭的对象，如标注；然后将鼠标指针移到标注处，当鼠标指针变形时单击，直接输入文本即可，如图1-82所示。

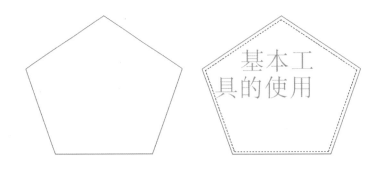

图1-82　图形内文本

1.2.6　其他工具的使用

1．其他工具

1）度量工具 ✏

"度量工具"必须从属性栏上选择各种度量方式，它将根据度量图形的变化自动调整其标准值。

2）连接工具 ✎

"连接工具"用于连接不同对象之间的连接，可以连接多个对象。

3）缩放工具 ✎

当对局部细节进行编辑时可以使用"缩放工具"，拉出选取范围使选取框内的对象充满窗口画面。

4）平移工具 ✎

平移工具只提供移动页面的功能，所以和"缩放工具"结合使用效果最佳。在窗口上单击可以放大显示比例。

5）表格工具 ▦

表格工具可以在属性栏中设定行和列的数值，可用来制作表格和背景底纹图形。

6）滴管工具 ✎

使用"滴管工具"可以选定对象、已经存在的填充或是轮廓线颜色。单击即可吸取想要的颜色。按住Shift键，鼠标指针变成"油漆桶工具"，单击，即可用吸到的颜色填充图形。

2．造形工具

Coreldraw X5"造形"泊坞窗提供了六种变换功能（见图1-83），其中的每种功能都可以通过对若干个对象的变换得到比较特别的图形或文本效果。

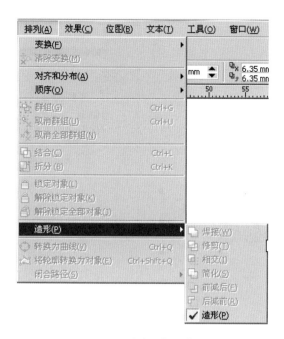

图1-83 "造形"子菜单

1）焊接

焊接就是将两个对象合为一个对象，这个结果对象的轮廓就是原来两个对象的总体轮廓。打开"造形"泊坞窗后，在选项列表中焊接即可切换到用于焊接对象的泊坞窗。选择一个对象，单击"焊接到"按钮，再选择另一对象，如图1-84所示。

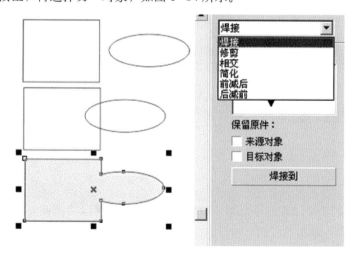

图1-84 焊接工具

2）修剪

修剪是通过删除若干对象之间的重叠区域来得到一个对象。被修剪的对象（即目标对象）将保留它的填充和轮廓属性。选择一个对象，单击"修剪"按钮，再选择另一对象，如图1-85所示。

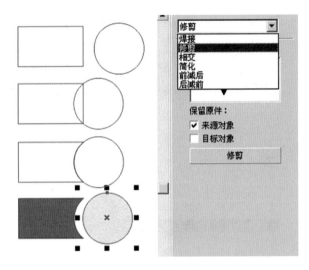

图1-85　修剪工具

3）相交

相交是利用若干个对象的重叠区域来创建新对象．相交的结果对象的大小和形状就是重叠区域的大小和形状。选择一个对象，单击"相交"按钮，再选择另一对象，如图1-86所示。

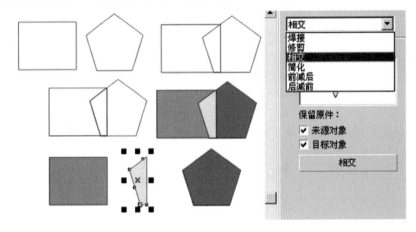

图1-86　相交工具

4）简化

简化变换是当若干个对象有重叠部分时，通过简化变换可以将重叠部分从最下面的对象上减去。框选所有对象，单击"应用"按钮，如图1-87所示。

5）前减后

前减后是当若干个对象之间有重叠部分时，在最上面的对象上减去所有跟它重叠的部分。框选两个对象，单击"应用"按钮，如图1-88所示。

6）后减前

后减前变换是当若干个矢量对象之间有重叠部分时，可以在后面的对象上将这些重叠部分都减去。框选两个对象，单击"应用"按钮，如图1-89所示。

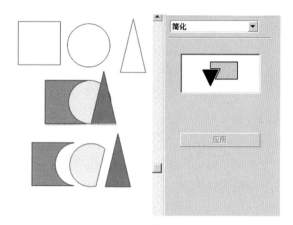

图1-87 简化工具

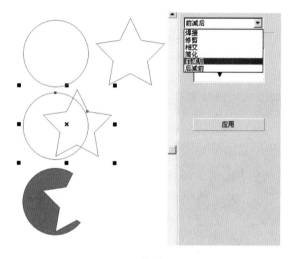

图1-88 前减后工具

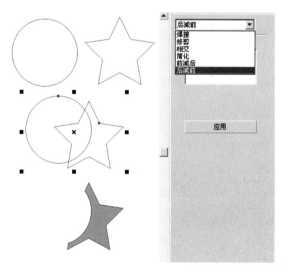

图1-89 后减前工具

任务三　励志招贴画的设计与制作

【任务目标】

- 掌握文件的导入导出操作。
- 掌握图片的裁切方法。
- 理解美术字和段落文本的不同之处及处理方式的异同。
- 掌握字符格式化和段落格式化。

【任务描述】

通过励志招贴画的设计与制作，学习文件的导入导出技巧及文字、图片的处理方法。本任务主要学习文件的导入导出、图片的裁切方法、美术字和段落文本处理及字符格式化和段落格式化。

励志招贴画效果如图 1-90 所示。

图1-90　励志招贴画效果图

【任务实施】

步骤 **01**　打开 CorelDRAW　X5 软件，新建一个文件，在属性栏中输入页面大小为 680 mm×800 mm。

步骤 **02**　单击"文件"→"导入"命令，打开"导入"对话框，选中 pangdeng.jpg 文件，单击"导入"按钮，如图 1-91 所示。

图1-91　"导入"对话框

步骤 **03**　出现插入标记后单击，将 pangdeng.jpg 文件导入到文件中。单击"锁定比率"按钮 🔒，按比率调整图片大小，将图片的高设置为 800mm，图片顶部和文件顶部对齐，如图 1-92 所示。

图1-92　调整图片大小

步骤 **04** 裁切图片。单击"形状工具"按钮，当图片四周出现表示可以裁切图片的虚线框时，按下鼠标左键拖动，将图片左边的两个顶角选中，如图 1-93 所示。

图1-93　裁切图片1

步骤 **05** 按下 Ctrl 键的同时单击左边任何一个顶点向右拖动到需要裁切的位置，然后松开 Ctrl 键和鼠标左键，如图 1-94 所示。

图1-94　裁切图片2

步骤 **06** 对图片右边多余的部分重复刚才的操作，图片裁切后将图片的左上角和页面的左上角对齐，效果如图 1-95 所示。

图1-95　裁切图片3

步骤 **07**　单击"矩形工具"□，在页面左上部绘制一个矩形，填充灰色，去除边框，如图 1-96 所示。

图1-96　绘制矩形

步骤 **08**　单击"文字工具"按钮字，直接在灰色矩形上添加文字"RENSHENGZHELI"，字体为"方正大黑_GBK"，颜色白色，通过拖动文字四周的黑色矩形控制点的方式将文字大小调整到合适大小，在灰色矩形旁添加文字"励志经典"，字体为"方正行楷_GBK"，通过拖动的方式调整字号到合适大小，如图1-97所示。

图1-97　添加文字

步骤 **09**　复制素材"1-3.txt"中的文字，单击"文本工具"按钮 字，按下鼠标左键不放在页面中合适位置拖出一个文本框，将文字粘贴到文本框中，调整大小为48 pt，如图1-98所示。

图1-98　添加正文

步骤 **10**　调整正文文本格式。将标题"荀子《劝学》"剪切备用，单击"文本"→"段落格式化"命令，打开"段落格式化"泊坞窗，选中正文文本，进行如图1-99所示的设置。设置后的效果如图1-100所示。

图1-99　设置段落格式　　　　　　　　　　　　　图1-100　段落格式调整效果

可以看出，文字未将文本框填满。选中文本框，单击"文本"→"段落文本框"→"使文本适合框架"命令后，文字会将文本框填满，如图1-101所示。

图1-101　使文本适合框架

步骤 **11** 单击"文字工具"按钮 **字**，在页面的合适位置添加文字"荀子《劝学》"，字体为"隶书"，通过拖动文字四周的黑色矩形控制点的方式将文字大小调整到合适大小。"励志经典"几字在此处改为灰色更为协调，如图1-102所示。

图1-102 标题格式设置

步骤 **12** 单击"文件"→"导出"命令，在打开的对话框中可以将导出文件以.jpg格式保存到合适的路径，如图1-103所示。

图1-103 "导出"对话框

【知识要点学习】

1.3.1　导入导出文件

1. 导入文件

（1）单击"文件"→"导入"命令（见图1-104），或者单击常用工具栏中的"导入"按钮，打开"导入"对话框。

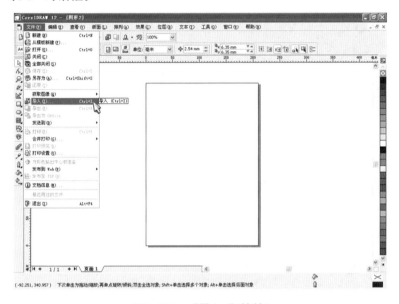

图1-104　"导入"对话框

（2）在"导入"对话框中选定所需要的图像，在右侧预览框中勾选"预览"复选框，即可预览到所选的图像文件的缩略图，如图1-105所示。

图1-105　选择需要的图像

（3）单击"导入"按钮，此时"导入"对话框被关闭，且鼠标指针变成▶形状，如图1-106所示。

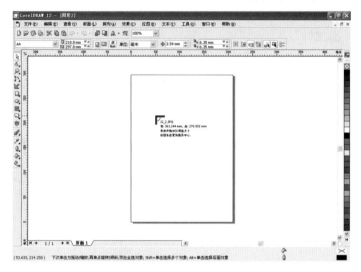

图1-106　导入文件

（4）在页面中选定图片的位置并单击，即可在页面中导入图片。

小提示

按住鼠标左键在页面中拖动，可以自定义导入图像的尺寸；配合Alt键拖动鼠标，可以随意更改导入图像的长宽比例；配合Shift键拖动鼠标，可以图像中心为中心点按比例变换大小。

2．裁切图像

在导入文件的过程中，对选中的图像文件还可以进行裁剪或重新取样。

（1）在"导入"对话框中，选中要导入的图像文件，单击"文件类型"列表右侧的下拉按钮，在弹出下列列表中选择"裁剪"选项，如图1-107所示。

图1-107　选择"裁剪"选项

（2）单击"导入"按钮，弹出"裁剪图像"对话框。在该对话框的图像显示窗口中，可以通过拖动矩形控制框的各个控制柄，选择需要导入的图像部分。也可以通过"选择要裁剪的区域"区域的参数设置进行裁切范围的设定，如图1-108所示。

3．导出文件

"导出"命令和"导入"命令恰好相反，通过"导出"命令可以将用户绘制的图形或文本以不同的文件类型和格式输出并保存到磁盘中，以供其他应用程序使用。

（1）单击"文件"→"导出"命令，或者单击常用工具栏中的"导出"按钮，弹出"导出"对话框。

（2）选择保存导出的文件的存储路径及保存格式类型，然后设置好相关的参数，单击"导出"按钮即可导出文件，如图1-109所示。

图1-108　"裁剪图像"对话框

图1-109　导出文件

1.3.2　打印文件

打印之前进行打印设置是为了更好地完成文件的输出，避免打印时出现不必要的麻烦。提高打印效率。

在打印文件之前，通常要根据需要对所使用的打印机进行设置。

设置打印机主要针对打印设备的设置，单击"文件"→"打印设置"命令，在弹出的对话框中设置相关的参数。

1．常规设置

（1）单击标准工具栏中的"打开"按钮，打开准备打印的文件。

（2）单击"文件"→"打印"命令，或者单击常用工具栏中的"打印"按钮 🖨 ，弹出"打印"对话框

（3）"打印"对话框中显示了当前所选打印机的类型、状态和位置等信息。在"名称"下拉列表中选择"与设备无关的 PostScript 文件"选项，使用这一选项时将不需要考虑具体的打印机类型，也可以在下拉列表中选择已安装的其他类型打印机，如图 1-110 所示。

图1-110　打印设置

"打印到文件"：勾选该复选框，单击右侧的按钮，在其中进行相应的选择。可对即将打印的文件执行为每一页分别打印为一个打印文件等。

"打印范围"：用于设置所要打印的文件范围。如果选择"当前文件"单选按钮，将会打印当前文件中的所有页面；如果选择"文件"单选按钮，可从列表中选择要打印的文档；如果选择"当前页"单选按钮，可打印当前所显示的页面；如果选择"选定内容"单选按钮，将只打印当前页中用户所选择的对象；只有要打印的文件是多页文件时才能使用"页"单选按钮，如果选择"页"单选按钮，将可以指定文件中所要打印的页码，并在右边的文本框中输入要打印的页码范围，并可以在下拉列表中选择奇偶页。

"副本"：在"份数"文本框中输入所需打印的份数即可。该选择主要用于设置所要打印的份数以及进行多份打印。

"打印类型"：在该下拉列表中可以选择 CorelDRAW X5 预置的各种打印样式。用户还可以让 CorelDRAW X5 记住当前的打印设置，以便以后在需要使用时调出使用。单击对话框中的"另存为"按钮，弹出"设置另存为"对话框，在此对话框中可设置打印设置的文件名，设置好后单击"保存"按钮即可。

2．版面设置

用常规设置中的图例，再次弹出"打印"对话框，并在对话框中选择"版面"选项卡，如图 1-111 所示。

图1-111 "版面"选项卡

"在文档中"：选中该单选按钮，将会按照图像在页面中出现的位置进行打印。

"调整到页面"：选中该单选按钮，可以快速地将绘图尺寸调整到输出设备所能打印的最大范围。使用这种打印方法时，可以单击"保持纵横比"按钮，使其保持等比例的缩放，否则图像的宽度和高度将会为了适合页面的宽度和高度而产生拉升。

"打印平铺页面"：选中该单选按钮，如果用户所绘制的对象超出打印纸张的大小，又不想缩小图像。要按照图像的实际尺寸进行打印，那么就必须以纸张的大小为单位，将图像分割成若干块分别进行打印。然后打印后再将这几块图像平铺，拼合成一幅完整的图像。选中该选框，并单击"预览"按钮，将可以预览图像分割的情况。

"平铺标记"：勾选该复选框，可以将平铺标记在页面中打印。

"出血限制"：勾选该复选框，用于设定打印时图像延伸出裁剪标记的多少。可以在右边的文本框中输入相应的值，指定打印时图像超出裁剪线的尺寸，一般设置为3mm。

"版面布局"：该选项用于设置打印版面布局样式。在下拉列表中提供了多种版面的样式，如全页面、活页、屏风卡、帐篷卡、侧折卡、顶折卡和三折卡等。

3．分色设置

"分色"选项卡支持在输出胶片和印刷校样时分色打印，主要用于进行专业印刷输出时使用。

（1）使用常规设置中的图例，再次打开"打印"对话框，并在对话框中选择"分色"选项卡，如图1-112所示。

（2）"补漏"选项组中的"保留文挡叠印""自动伸展"和"固定宽度"等补漏功能，在这些功能的支持下可以轻松而直接地完成一些比较艰巨的打印输出任务，如图1-113所示。

（3）在对话框下面的列表框中列出了图形文件中使用的颜色，用户可以自己决定启用或则是禁用某种颜色。所列出的颜色都是默认的颜色，单击某种颜色，则可取消其颜色的选择，如图1-114所示。

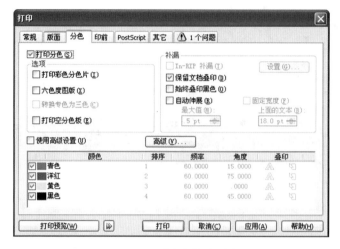

图1-112　"分色"选项卡

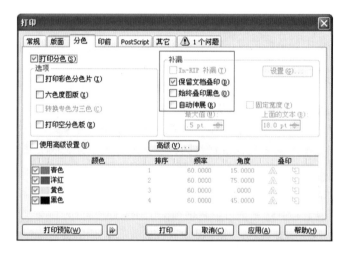

图1-113　补漏设置

图1-114　打印分色设置

"打印彩色分色片"：勾选该复选框，将会按颜色分色进行打印，默认为CMYK色彩模式。

"六色度图板"：勾选该复选框，为近些年新出现的打印标准。所谓六色度，是指除了青、洋红、黄色和黑色4色外，又加入了橙色和绿色。该色板以6种颜色进行分色，它能创建出更为广泛的色域，显示出更逼真的色彩效果。不过只有特定的打印输出设备支持此复选框。

"转换专色为三色"：勾选该复选框，将页面中用于印刷使用的专色转换为除黑色以外的印刷色。

"打印空分色板"：打印所有图板，包括不包含图像的图板。

"保留文档叠印"：勾选该复选框，保留文档中的套印设备。

"始终叠印黑色"：勾选该复选框，当位于上方重叠的对象的颜色含有95%以上的黑色时，将会使用黑色作为漏白填充色进行叠印。

"自动伸展"：勾选该复选框，将可以通过给对象指定与其填充颜色相同的轮廓，然后使轮廓叠印下面的对象可创建彩色补漏。这种方法主要用于需要设置补漏比较多的情况。用户可以在"最大值"文本框中设置最大补漏值，以指定对象的自动补漏可随其颜色伸展的数量，还可以在"上面的文本"文本框中输入数值，以确定自动扩散所能应用的最小字体尺寸。

"固定宽度"：勾选该复选框，将可以固定补漏的参数值，指定固定宽度的自动扩散，指定给各个对象的自动扩散轮廓都将是相同的宽度。用户可以在"最大值"文本框中输入所能扩散的宽度。

4．印前设置

（1）在"打印"对话框中选择"印前"选项卡，如图1-115所示。

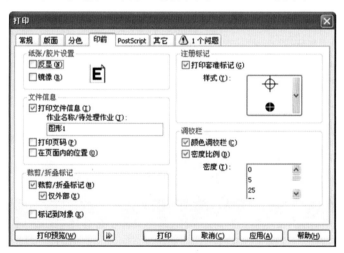

图1-115　　"印前"选项卡

（2）勾选"反显"复选框，可以将出版物输出为负片，如图1-116所示。

（3）勾选"裁剪／折叠标记"复选框，可以让裁切线标记印在输出胶片上，作为装订厂装订的参照依据，如图1-117所示。

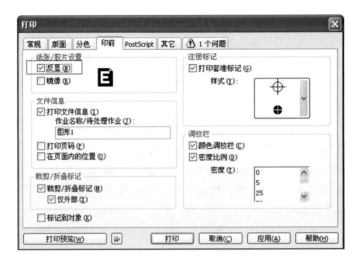

图1-116　勾选"反显"复选框

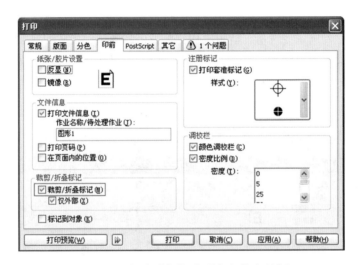

图1-117　勾选"裁剪/折叠标记"复选框

"反显"：勾选该复选框，将打印出的图像呈负片效果。

"镜像"：勾选该复选框，将打印出的对象类似镜子里的成像。

"打印文件信息"：勾选该复选框，在页面的底部打印文件名，当前日期和时间等信息。

"打印页码"：勾选该复选框，将会在每张文件页面中打印该页面所属的页码。

"在页面内的位置"：勾选该复选框，将会在文件页面的底部打印文件信息。

"裁剪／折叠标记"　勾选该复选框，将可以打印裁剪、折叠标记。

"仅外部"：勾选该复选框，将会仅沿页面的外缘打印裁剪标记。

"标记到对象"：勾选该复选框，将打印标记置于对象而不是页的边框。

"打印套准标记"：勾选该复选框，将在页面上打印注册标记，并可以在"样式"列表中选择套准标记的样式。

"颜色调校栏"：勾选该复选框，将在作品的旁边打印包含六种基本颜色的色条，用于校准打印输出的质量。

"密度比例"：勾选该复选框，将会在每个分色板打印出一条不同灰度深浅的色条，它允许被称为密度计的工具来检查输出内容的精确性、质量和一致性。

5. 其他设置

用常规设置中的图例，再次打开"打印"对话框，并在对话框中选择"其他"选项卡，如图 1-118 所示。

图1-118 打印对话框

"应用ICC配置文件"：勾选该复选框，将确保基于当前色彩配置文件的颜色可以在打印中准确地表现出来。

"打印作业信息表"：勾选该复选框，将工作信息表与打印作业一起打印。单击右侧的"信息设置"按钮将可以打开"打印作业信息表"对话框然后选择所打印作业信息。

"打印矢量"：勾选该复选框，将打印绘图文件中的矢量图。

"打印位图"：勾选该复选框，将打印绘图文件中的位图。

"打印文本"：勾选该复选框，将打印绘图文件中的文本。

"用黑色打印所有文本"：勾选该复选框，将使用黑色打印文本。

"使打印机的标记和版面适合页面"：勾选该复选框，将打印绘图放置在可打印的页面中。

"全色"：选中该单选按钮，文档将以彩色打印。

"所有色彩作为黑色"：选中该单选按钮，文档将以黑白方式打印。

"所有彩色打印成灰度"：选中该单选按钮，文档将以灰度方式打印。

"将彩色位图输出为"：可以在下拉列表中选择为即将打印的位图选择相应的色彩模式。

"渐变步长值"：可以设置颜色渐变的级别，如果输入较小的值，将会使打印速度变快，但相对也会使图像色彩之间的过度变得粗糙；如果输入较大的值，将会使图像色彩之间的过渡变得精细，但相对也会使打印速度变慢。

"光栅化整页"：可以帮助用户在普通设备上输出复杂的 PostScript 图形，前提是打印服务器上必须要有足够的打印存储空间。

"位图缩减像素采样"：用于设置所使用的彩色、灰度或单色打印位图的采样数值，为客户提供优质的色彩输出胶片。

以上的设置完成之后可以单击"打印"按钮打印设置好的文件。

1.3.3 输出前准备

1. 设置打印机

（1）进行打印前需要对我们的打印机进行设定。单击"文件"→"打印设置"命令，将弹出如图1-119所示的对话框。

（2）单击"属性"按钮，弹出"与设备无关的PostScript文档属性"对话框，如图1-120所示，该对话框中的参数根据打印机的型号不同而不同，一般包括纸张大小、方向等，单击"确定"按钮即可。

图1-119 "打印设置"对话框 图1-120 "与设备无关的PostScript文档属性"对话框

2. 打印预览

（1）单击"文件"→"打印预览"命令即可进入印预览模式，如图1-121所示。通过打印预览，可以提前得知打印后的效果，如果发现有不足之处，还可以及时调整与修改，如图1-122所示。

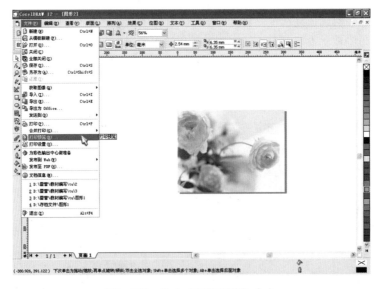

图1-121 单击"打印预览"命令

图1-122　打印预览

（2）设置完毕以后，如果要关闭打印预览，可以单击"标准"工具栏中的"关闭打印预览"按钮 🔲 。

"文件"菜单：包含了保存、删除或保存为打印样式文件及进行打印等操作；也可以在"文件"菜单中关闭预览界面。

"查看"菜单：包含显示图像、预览相应的颜色模式、分色片预览以及设置各种控件的显示或隐藏等。

"设置"菜单：包含设置打印的属性，可以打开"打印"对话框中的相关选项卡，进行相应的专项参数设置。

3．为彩色输出中心做准备

在输出图形前要收集有关的数据，供输出中心输出使用。输出的准备工作通过单击"文件"→"输出中心"命令进行控制。这样产生的PDF文件，在某些印刷厂家可以直接印刷，且文件比较小。

（1）打开编辑好的文件，单击"文件"→"输出中心"命令，弹出"配备'为彩色输出中心'向导"对话框，如图1-123所示。勾选收集与文档关联的所有图片复选框，单击"下一步"按钮，勾选"复制字体"复选框，再单击"下一步"按钮，如图1-124所示。

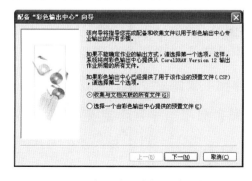

图1-123　配备"为彩色输出中心"向导

图1-124　勾选"复制字体"复选框

（2）在"配备'为彩色输出中心'向导"对话框中勾选"生成PDF文件"复选框，可以创建PDF档，如图1-125所示。单击"下一步"按钮，在文本框中输入要保存的路径，如图1-126所示。

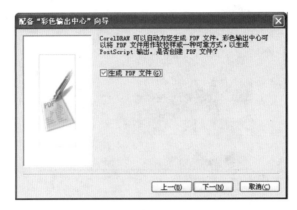

图1-125　勾选"生成PDF文件"复选框

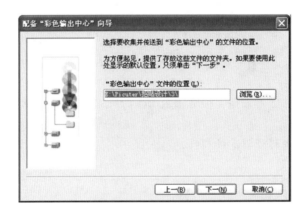

图1-126　设置输出位置

（3）单击"下一步"按钮，在"配备'彩色输出中心做准备'向导"对话框中，创建PDF文档，最后显示了输出文件保存的位置以及所包含的文件，确认之后单击"完成"按钮，结束当前的准备工作，如图1-127所示。

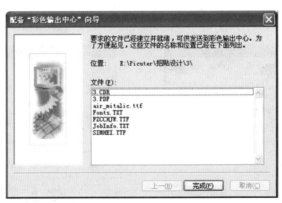

图1-127　完成操作

项 目 实 训

【项目实训一】绘制卡通锁

使用"矩形工具"和"椭圆形工具"绘制出锁形图，使用"透明度工具"制作锁形图的高光，使用"贝塞尔工具"和"椭圆形工具"绘制出钥匙图形，效果如图1-128所示。

图1-128　实训一效果图

【项目实训二】制作台历

使用"矩形工具"和"渐变工具"制作台历背景图形，使用"文本工具"和"制表位"命令添加台历文字，如图1-129所示。

图1-129　实训二效果图

项 目 总 结

通过任务一至任务三的学习，全面学习了文件的基本操作、界面的基本设置、文件的导入导出、CorelDRAW X5 基本工具的使用，掌握"形状工具""绘制工具""变形工具""填充工具""轮廓工具""文本工具"等技术技巧。通过绘制卡通锁和制作台历，进一步提高学生对基本工具使用的熟练程度，培养学生的动手能力和创新意识。

项目二

调和效果设计与制作

项目描述

通过使用 CorelDRAW X5 中提供的"调和工具"，可以创建出调和、轮廓图、变形、封套、立体化、阴影、透明等效果。

学习目标

知识目标：学习"调和工具"的使用。

能力目标：要求掌握各调和效果的使用方法，并在实际应用中熟练运用。

重点与难点

重点："调和工具"的使用。

难点：将"调和工具"灵活应用于实际案例中。

项目简介

任务一　彩虹的制作

任务二　服装毛领的制作

任务三　绘制彩色蝴蝶

更多惊喜

任务一　彩虹的制作

【任务目标】

掌握"调和工具"和"调和透明工具"的使用方法。

【任务描述】

通过彩虹的制作，了解"调和工具"的用途，学习调和效果和透明效果的调整、制作图案的技巧。本任务主要学习"调和工具"和"透明工具"的用法。

彩虹效果如图2-1所示。

图2-1　彩虹效果图

【任务实施】

步骤 **01**　单击"文件"→"新建"命令，打开"新建"对话框，创建一个A4大小方向为横向、背景色为白色的空白文件。

步骤 **02**　单击"椭圆形工具" ，绘制一个同心圆，设置大圆的填充色为无，轮廓色为红色；设置小圆的填充色为无，轮廓色为洋红色，并设置他们的轮廓大小为1.41。设置后的效果如图2-2所示。

图2-2　绘制同心圆

步骤 **03**　框选同心圆，单击"调和工具" 🖱，从中心往下拖动，并设置步数为30，选择逆时针方向，具体设置与效果如图 2-3 所示。

图2-3　调和效果的设置

步骤 **04**　单击"透明工具" 🖵，对调和后的图案进行透明度的设置，具体效果如图2-4所示。

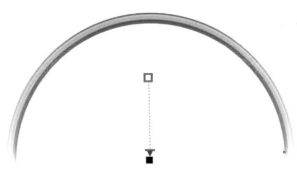

图2-4　透明度效果

步骤 **05** 导入一张背景图片，将彩虹放置于图片中合适的位置，最终效果如图 2-5 所示。

图2-5 彩虹效果图

【知识要点学习】

2.1.1 认识调和工具

交互式工具共七种，用于为矢量对象制作特殊效果，这些效果的变化可以跟用户操作随时互动。这 7 种调和工具在同一个工具组，如图 2-6 和图 2-7 所示。

图2-6 交互式工具按钮   图2-7 交互式工具组

除了使用这些工具以外，还通过它们的属性栏来编辑效果。并且，对于个别的调和效果，还可以通过相应的卷帘窗来完成。

2.1.2 调和效果

使用"调和工具"可以快捷地创建基本调和效果，方法如下：

（1）先绘制两个用于制作调和效果的对象。

（2）单击"调和工具" 🖰 。

（3）在调和的起始对象上按住鼠标左键不放，然后拖动到终止对象（两个对象中谁做起始对象和终止对象都无所谓），释放鼠标即可。

效果如图2-8所示。

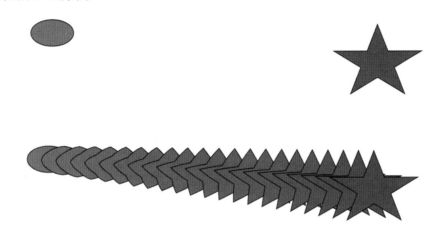

图2-8　"调和工具"的使用

2.1.3　透明效果

透明效果是通过改变对象填充颜色的透明程度来创建独特的视觉效果。使用"透明工具"可以方便地为对象添加"标准""渐变""图案"及"材质"等透明效果。方法如下：

（1）选中要添加透明效果的对象。

（2）单击"透明度工具" 🖢 。

（3）选中对象并按住鼠标左键不放拖动，调整好后在工作区的空白处单击。

效果如图2-9所示。

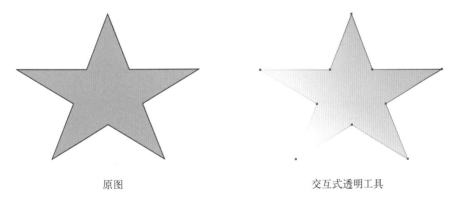

原图　　　　　　　　　　　　　　　　交互式透明工具

图2-9　"透明度工具"的使用

任务二　服装毛领的制作

【任务目标】

掌握轮廓图效果、变形效果的制作技巧。

【任务描述】

通过服装毛领的设计与制作，学习轮廓图效果和变形效果的使用方法。

服装毛领效果如图 2-10 所示。

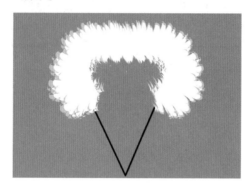

图2-10　服装毛领效果图

【任务实施】

步骤 **01**　单击"文件"→"新建"命令，打开"新建"对话框，创建一个 A4 大小方向为横向、背景色为白色的空白文件，如图 2-11 所示。

图2-11　新建文档

步骤 **02** 单击"版面"→"页面背景"命令，修改背景颜色，颜色可自定。

步骤 **03** 单击"贝塞尔工具"，绘制出如图 2-12 所示的轮廓。

步骤 **04** 单击"交互式变形工具"属性栏中的"拉链变形"按钮，设置其振幅及频率，如图 2-13 所示。

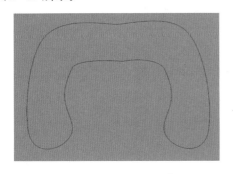

图2-12 绘制毛领轮廓

图2-13 拉链变形设置

步骤 **05** 单击"推拉变形"按钮，设置其振幅及频率，如图 2-14 所示。设置参数及两次变形后的效果如图 2-15 所示。

图2-14 推拉变形设置

图2-15 变形效果

步骤 **06** 再次单击"拉链变形"按钮，设置其振幅及频率，如图 2-16 所示。

步骤 **07** 单击"推拉变形"按钮，设置其振幅及频率，如图 2-17 所示。设置参数及两次变形后的效果如图 2-18 所示。

图2-16 拉链变形设置

图2-17 推拉变形设置

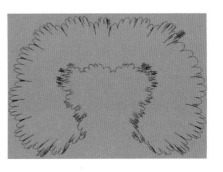

图2-18 变形效果

步骤 **08** 设置图案的填充颜色为CMYK（20,28,26,0）轮廓色为无，并原位复制粘贴一个相同的图案，对其大小进行缩放，且填充缩放后的图案为白色，轮廓色为无，并对毛衣领进行调整，最终效果如图2-19所示。

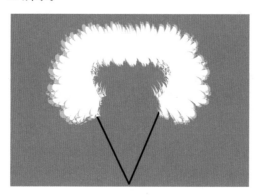

图2-19　最终效果

【知识要点学习】

2.2.1　轮廓图效果

轮廓图效果是指由一系列对称的同心轮廓线圈组合在一起，所形成的具有深度感的效果。由于轮廓图效果类似于地理地图中的地势等高线，故有时又称为"等高线效果"。轮廓效果只能作用于单个的对象，不能应用于两个或多个对象。方法是：

（1）选中要添加效果的对象，如图3～4中左边的五角星。

（2）单击"轮廓图工具" ▦。

（3）用鼠标向内或向外拖动对象的轮廓线，在拖动的过程中可以看到提示的虚线框。

（4）当虚线框达到满意的大小时，释放鼠标即可完成轮廓效果的制作。

效果如图2-20所示。

图2-20　轮廓图效果

2.2.2　变形效果

变形效果是指不规则地改变对象的外观，使对象发生变形，从而产生令人耳目一新的效果。CorelDRAW X5 提供的"变形工具" ▨可以方便地改变对象的外观。通过该工具中的 ▨（推拉变形）、 ✿（拉链变形）和 ▧（缠绕变形）三种变形方式的相互配合，可以得到变化无穷的变形效果。方法是：

（1）单击"变形工具" 。

（2）在属性栏中选择变形方式为 （推拉变形）、 （拉链变形）或 （缠绕变形）。

（3）将鼠标移动到需要变形的对象上，按住左键拖动鼠标到适当位置，此时可看见蓝色的变形提示虚线。

（4）释放鼠标即可完成变形。

效果如图 2-21 所示。

图2-21　变形效果

任务三　绘制彩色蝴蝶

【任务目标】

掌握"调和封套效果""调和立体效果""调和阴影效果"等技术技巧。

【任务描述】

通过彩色蝴蝶的绘制，学习使用交互式工具实现图形的特殊效果。本任务主要学习封套效果、立体效果和阴影效果的用法。

彩色蝴蝶效果如图 2-22 所示。

图2-22　彩色蝴蝶效果图

【任务实施】

步骤 **01**　单击"文件"→"新建"命令，新建一个页面。

步骤 **02**　右击工作面，在弹出的快捷菜单中选择"网格"命令，如图 2-23 所示。接下来，使用"矩形工具"绘制一个长方形。使用"椭圆工具"绘制一个正圆。复制 6 个圆形，并排列成一行（可使用"对齐工具"使之保持均匀排列的状态），如图 2-24 所示。

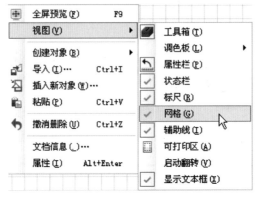

图2-23　网格线

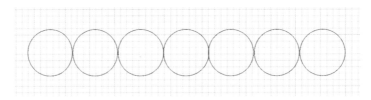

图2-24　绘制并排列正圆

步骤 **03**　使用"选取工具"对长方形的大小和位置进行调整，如图 2-25 所示。选取圆形和长方形，单击"排列"→"合并对象"命令，该过程将清除圆形的下边及长方形的上边，构成一个完整的图形，调整该图形使其适合页面宽度。复制该图形并将复制的图形移动至页面下方，且调整其大小适合页面，如图 2-26 所示。

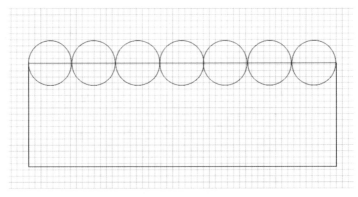

图2-25　调整长方形的大小和位置

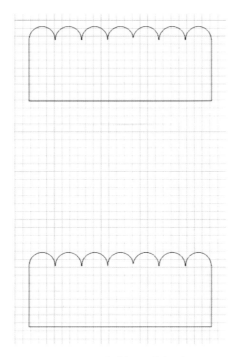

图2-26　复制图形的位置

步骤 **04**　使用"填充工具"的线性填色方式为上部的合并图形着色，选用颜色数值为 R：255、G：204、B：153和R：204、G：255、B：255，去除边框。接下来，使用颜色数值为R：204、G：102、B：0和R：255、G：153、B：0两色为下面的图形应用线性渐变色填充，去除边框，如图 2-27 所示。单击"调和工具"，然后点选下面的波浪状图形并向上拖动鼠标，使之产生渐变的调和效果。在属性栏中将调和层级设为9，效果如图 2-28 所示。

图2-27　两个图形渐变填充

图2-28　调和效果

步骤 **05** 选取调和后的图形，单击"调和工具"，在属性栏中单击"顺时针调和"按钮，得到如图 2-29 所示的效果。

步骤 **06** 使用"椭圆工具"绘制一个椭圆，并将步骤 4 中位于页面上部图形的颜色复制到新绘制的椭圆中。将该椭圆复制 6 遍，并如图 2-30 所示排列，可使用"对齐工具"中的均匀分布功能加以调整。群组所有图形，去除其边框，效果如图 2-30 所示。

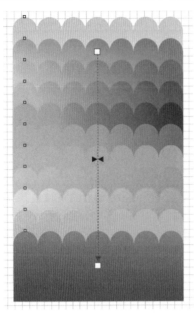
图2-29 顺时针调和效果

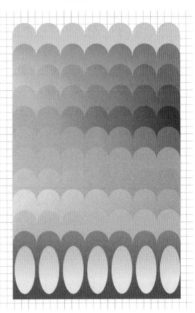
图2-30 绘制椭圆

步骤 **07** 使用"曲线工具"绘制一个三角形，调整该三角形，调整后的结果是该图形上边和左边分别成弧形，象一个蝴蝶翅膀，效果如图 2-31 所示。

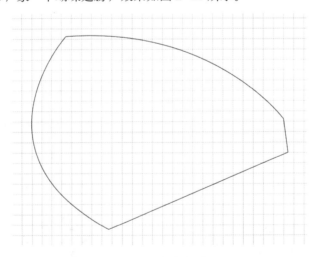
图2-31 绘制翅膀

步骤 **08** 选取调和并群组后的对象，逆时针旋转 90°并将其置于上一步画好的翅膀图形中心。单击"封套工具"，在默认状态下，使用鼠标分别拖动封套的四个顶角，使图形各边扭曲变形，并移动到示意图所示的位置，将做好的调和图与翅膀图形重合，从而制作出一个蝴蝶翅膀的雏形，效果如图 2-32 所示。

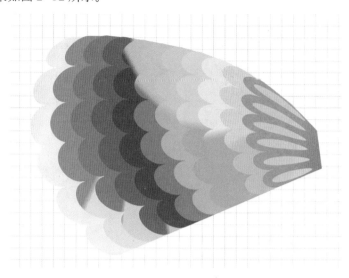

图2-32　蝴蝶翅膀雏形

步骤 **09**　清除翅膀轮廓线。选取通过封套调整后的蝴蝶翅膀。复制该图形，为其应用垂直镜像功能使之与原图垂直排列。调整翅膀图形和复制的图形，排列方式如图 2-33 所示。

步骤 **10**　将复制图缩小为原尺寸的 70%，放置如图 2-34 所示的位置。

图2-33　复制翅膀图形并调整其位置

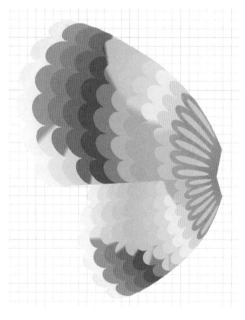

图2-34　调整复制图形的大小

步骤 **11**　圈选上下两个翅膀图形，复制，并为复制图做水平镜像处理，效果如图 2-35 所示。

图2-35　复制两个翅膀并做镜像处理

　　步骤 **12**　绘制一上一下两个圆形，并分别使用渐变填充方式填入颜色。选择两个圆形并为之应用 12 级的调和效果，接下来，使用"封套工具"进一步调整蝴蝶的身躯直至完成，效果如图 2-36 所示。

　　步骤 **13**　绘制一个圆形作为头，并为之填入与躯体上部相同的颜色。将头部图形置于躯体图形之下，并稍微向下移动一点。再绘制一个小圆，并使用深绿和中绿为其进行圆形渐变着色。接下来，选取该圆并为之应用默认设置的封套效果，将其调整成图中的效果，如图 2-37 所示。为使眼睛更为有神，我们再使用圆形工具绘制一个白色小圆作为眼部的高光点。复制群组后的眼睛，做水平镜像，然后将两个眼睛分别置于头部两侧。使用"贝塞尔线条工具"绘制一条紫色的线条，然后通过结点调整工具将其按图中的样式调整为曲线。接下来，再画一个紫色的小圆作为其触角的头。群组两图，复制并做水平镜像，然后分别置于头的上部两侧，效果如图 2-38 所示。

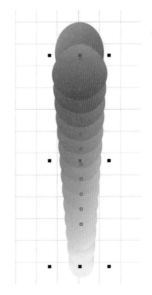

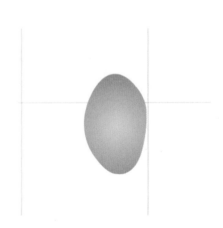

图2-36　使用"封套工具"调整图形　　　　　　图2-37　眼睛图形的调整

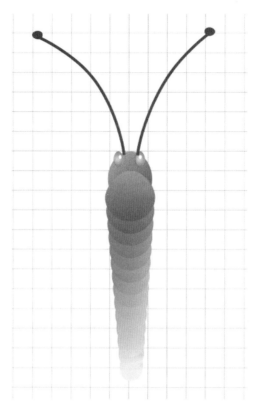

图2-38　蝴蝶的头部和躯干

步骤 **14**　蝴蝶身上的所有部件图形都已经完成，组装起来即可形成完整的蝴蝶图形，如图 2-39 所示。

图2-39　效果图

【知识要点学习】

2.3.1　封套效果

封套是通过操纵边界框来改变对象的形状，其效果类似于印在橡皮上的图案，扯动橡皮则图案会随之变形。使用"封套工具"可以方便快捷地创建对象的封套效果。

（1）单击"封套工具" 🔲 。

（2）单击需要制作封套效果的对象，此时对象四周出现一个矩形封套虚线控制框。

（3）拖动封套控制框上的结点，即可控制对象的外观。

效果如图2-40所示。

图2-40　封套效果

2.3.2　立体化效果

立体化效果是利用三维空间的立体旋转和光源照射的功能，为对象添加产生明暗变化的阴影，从而制作出逼真的三维立体效果。使用方法如下：

（1）单击"立体化工具" 🔲 。

（2）选定需要添加立体化效果的对象。

（3）在对象中心按住鼠标左键向添加立体化效果的方向拖动，此时对象上会出现立体化效果的控制虚线。

（4）拖动到适当位置后释放鼠标，即可完成立体化效果的添加。

（5）拖动控制线中的调节钮可以改变对象立体化的深度。

（6）拖动控制线箭头所指一端的控制点，可以改变对象立体化消失点的位置。

效果如图2-41所示。

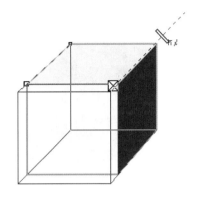

图2-41　立体化效果

2.3.3　阴影效果

阴影效果是指为对象添加各种阴影，增加景深感，从而使对象具有一个逼真的外观效果。使用调和阴影工具，可以快速地为对象添加下拉阴影效果。使用方法如下：

（1）单击"阴影工具" □ 。

（2）选中需要制作阴影效果的对象。

（3）在对象上按住鼠标左键，然后往阴影投映方向拖动，此时会出现对象阴影的虚线轮廓框。

（4）至适当位置，释放鼠标即可完成阴影效果的添加。

效果如图 2-42 所示。

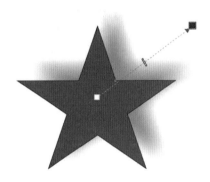

图2-42　阴影效果

项 目 实 训

【项目实训一】制作唱片封面

使用"透明工具"和图框精确裁剪命令制作背景效果，使用"贝塞尔工具"制作线条图形，使用"文本工具"、"渐变填充工具"和轮廓笔命令添加主题文字，使用"文本工具"添加并编辑其他宣传文字。效果如图 2-43 所示。

图2-43　实训一效果图

【项目实训二】绘制特殊效果字

使用"文本工具"输入、编辑文字，使用"渐变工具"进行渐变填充，使用"轮廓工具"绘制文字轮廓，使用"底纹填充工具"填充底纹，效果如图 2-44 所示。

图2-44　实训二效果图

项 目 总 结

通过任务一至任务三的学习，让学生全面学习了交互式工具使用的方法和技巧。掌握"调和工具""透明工具""轮廓工具""变形效果""封套效果""立体效果"及"阴影效果"等技术技巧。通过制作唱片封面和绘制特殊效果字两个实训，巩固提高学生对交互式工具的理解和应用能力，培养学生的动手能力和创新创意思想。

位图编辑与制作

 项目描述

　　在设计领域工作过程中，我们经常会涉及大量的位图处理，尽管有 Adobe Photoshop 这样的位图处理软件，但是 CorelDRAW X5 同样可以实现位图的完美编辑和数量巨大的各具特色的特效制作。本项目就来学习针对位图的各种操作及滤镜的使用技巧。

学习目标

　　知识目标：学习导入位图、编辑位图、滤镜工具组及菜单中各项命令的使用。

　　能力目标：本项目要求掌握位图的编辑方法、色彩调整方法以及各种滤镜的使用方法，并且能够在具体的设计制作中正确熟练地运用。

重点与难点

　　重点：位图编辑工具及常用滤镜工具。

　　难点：灵活掌握和运用滤镜进行商业案例设计。

项目简介

更多惊喜

任务一　新年卡设计与制作

【任务目标】

• 掌握"文字阴影""形状工具""虚光"命令等的使用技巧，并会使用"文件"菜单导入位图、
导出位图。

【任务描述】

通过新年贺卡的设计与制作，学习位图的导入技巧和一些非常有用的编辑位图的方法。本
任务主要学习"导入"命令、"抠图"命令、"虚光"命令和"位图颜色遮罩"命令的用法。

新年卡效果如图 3-1 所示。

图3-1　新年卡效果图

【任务实施】

步骤 **01**　打开 CorelDRAW X5 软件，新建一个文件，在属性栏中输入页面大小为
297mm×210mm。

步骤 **02**　双击"矩形工具"，建立一个和页面一样大小的矩形，单击"网状填充工具"，
然后单击不同区域，再单击颜色。如此循环，即可给它填充上五彩缤纷的背景颜色，调整颜色

到自己喜欢为止，如图 3-2 所示。

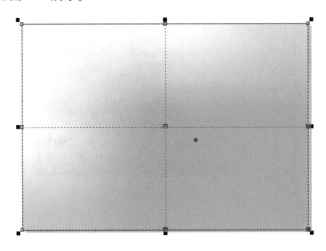

图3-2　梦幻背景图片

步骤 **03**　单击"文件"→"导入"命令，找到猫咪图片，再单击窗口中的"导入"按钮，在需要导入图片的地方单击，位图即导入文件中，如图 3-3 所示。

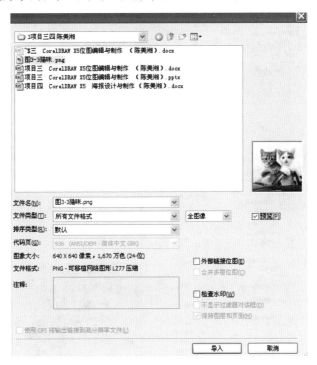

图3-3　导入位图

步骤 **04**　用鼠标左键按住图片即可移动图片，单击图片四周的四个点或者拖动某个控制点，即可改变位图的大小和长宽比。这里将图片等比例缩放大小，并且拖动到如图 3-4 所示的地方。

步骤 **05**　在位图处于选择状态下，单击"形状工具"，将猫咪图片进行抠图，在抠图过程中，需要双击来添加结点，拖动鼠标移动结点，如图 3-5 所示。

图3-4　缩放图片

图3-5　抠图效果

步骤 **06** 单击"位图"→"创造性"→"虚光"命令，如图3-6所示。

图3-6　单击"虚光"命令

步骤 **07**　用吸管吸取猫咪周围的颜色，如图中的粉紫色 C M Y K 分别为 20、40、0、0。然后在"虚光"对话框中将虚光颜色设置为此色，如图 3-7 和图 3-8 所示。

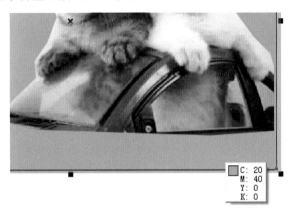

图3-7　吸取颜色

图3-8　"虚光"对话框

步骤 **08**　按快捷键 F8，创建"新年快乐"四个字，颜色和字号都可以自定。在此选择白色，选择"方正艺黑简体"，如果没有此字体，可以下载安装该字体，也可以用别的字体代替。再复制一组字体，设置为黑色并放置到白色字体下方，调整一点错位，这样字体就有了立体感，如图 3-9 所示。

图3-9　输入文字

步骤 **09** 使用"文字工具"输入"你若安好便是晴天",在属性栏中选择"竖排文字工具",将文字的颜色选择为蓝色,文字轮廓线设置为白色。选择自己喜欢的字体进行设计。单击"交互式阴影工具",给这组文字添加阴影效果,如图3-10所示。

图3-10 为文字添加阴影

步骤 **10** 最后,对各图层进行微调。单击"文件"→"另存为"命令保存文件。

【知识要点学习】

3.1.1 导入位图

(1)单击"文件"→"导入"命令,打开"导入"对话框,如图3-11所示。

图3-11 "导入"对话框

（2）在"查找范围"中输入所用位图的路径，选中所用的位图，单击"导入"按钮，在绘图界面上的显示如图3-12（a）所示。

（3）按住鼠标左键到合适位置松手，即可将所选中的位图导入，如图3-12（b）所示。

（a）   （b）

图3-12 导入图片

（4）当导入的位图呈选中状态时，可使用"形状工具"对位图进行简单的抠图，如图3-13所示。

图3-13 使用"形状工具"抠图

3.1.2 编辑位图

（1）选中所要编辑的位图。单击"位图"→"编辑位图"命令，在打开的窗口中可以对选中的位图进行颜色等编辑，如图3-14所示。

（2）单击"位图"→"模式"命令，可以对选中的位图进行模式的更改，如图3-15所示。

（3）单击"位图"→"位图颜色遮罩"命令，在打开的"位图颜色遮罩"对话框中可以隐藏或显示所选中的色彩，如图 3-16 所示。

图3-14 对位图进行颜色等编辑

图3-15 选择位图模式

图3-16 "位图颜色遮罩"对话框

（4）在"位图颜色遮罩"对话框中，单击"吸管工具"，在导入的位图中，使用吸管选中所要隐藏的色彩，图中选择天空蓝色，在"位图颜色遮罩"对话框中将容限设置为 50%，单击"应用"按钮。则天空的 50%的蓝色区域被隐藏，该处以透明显现，在位图中，可以对多种色彩进行隐藏，如图 3-17 所示。

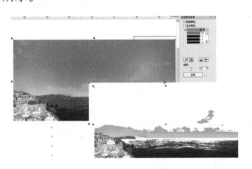

图3-17 使用颜色遮罩对50%蓝色进行隐藏

（5）在 CorelDRAW 中，还可以将位图转换为矢量图。选中所要转换的位图，使用"位图"中的"快速描摹"命令，位图转换成了块状的矢量图，如图 3-18 所示。

图3-18　跟踪位图命令面板

（6）保持该矢量图被选中状态，执行"取消全部群组"命令，如图 3-19 所示。并且可用光标在原始图中选定一个范围进行跟踪。

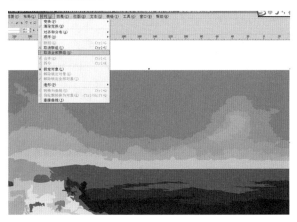

图3-19　选定范围进行进行跟踪

（7）使用"形状工具"选中拆分后的一个区域色块，如图 3-20 所示。

图3-20　选中区域色块

（8）保持该区域色块选中的状态，使用填充工具给该区域填充想要的颜色，如图 3-21 所示。

图3-21　填充颜色

（9）使用同样的方法更改各区域颜色，如图 3-22 所示。也可以将这些云朵复制到其他图片中，还可以加上文字，最终效果如图 3-23 所示。

图3-22　更改各区域颜色

图3-23　最终效果

任务二 "我心已许"歌单设计与制作

【任务目标】

- 掌握"虚光""位图颜色遮罩""透明工具"和"彩色蜡笔"等的使用技巧。
- 使用"文件"菜单将图片存为 JPG/PNG 等常用格式。

【任务描述】

通过歌单的设计与制作,进一步学习常用的编辑位图的方法。本任务主要学习"滤镜"命令、"彩色蜡笔"命令和"位图颜色遮罩"命令的用法。

歌单效果如图 3-24 所示。

图3-24 歌单设计效果图

【任务实施】

步骤 01 打开 CorelDRAW X5 软件,新建一个文件,选择页面大小为 B5 纸、横向,如图 3-25 所示。

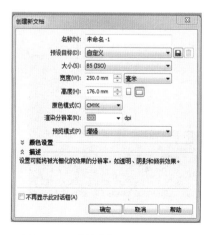

图3-25 "创建新文档"对话框

步骤 **02** 导入素材"午后阳光",如图 3-26 所示。

图3-26　导入素材

在导入素材被选中的情况下,在属性栏中更改图片大小,为横向 240、纵向 166,如图 3-27 所示。

图3-27　更改图片属性

步骤 **03** 单击"排列"→"对齐和分布"→"在页面居中"命令,如图 3-28 所示。

图3-28　单击"在页面中居中"命令

步骤 **04**　单击"位图"→"艺术笔触"→"彩色蜡笔画"命令，弹出"彩色蜡笔画"对话框，设置为油性，笔触默认 5，色度默认 30，如图 3-29 所示。

图3-29　"彩色蜡笔画"对话框

步骤 **05**　单击"位图"→"创造性"→"虚光"命令，如图 3-30 所示。弹出"虚光"对话框，颜色设置为黑色，形状为矩形，偏移 100，褪色 20，如图 3-31 所示。

图3-30　选择"虚光"命令

图3-31　"虚光"对话框

步骤 **06**　导入素材"tianxiang"人物图，放到右边合适的位置，并调整合适的大小，效果如图 3-32 所示。

图3-32　导入素材图

步骤 **07** 在导入素材被选中的情况下，单击"透明度工具"，如图 3-33 所示。然后在属性栏中将"透明度类型"改为辐射，然后选中辐射透明中心的小正方形，在属性中将"透明中心点"改为 0，如图 3-34 所示，然后选中辐射透明边缘的小正方形，将"透明中心点"改为 100，调整位置和辐射透明半径，效果如图 3-35 所示。

图3-33　单击"透明度工具"

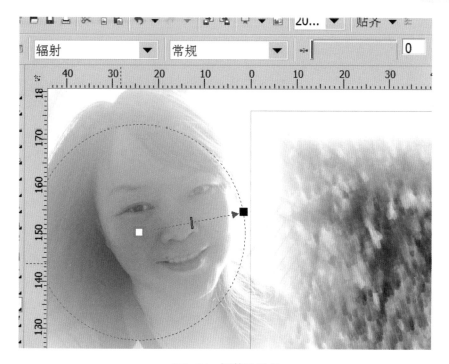

图3-34 调整透明度

图3-35 调整辐射透明半径

步骤 **08** 使用"文本工具"输入文本,选择自己喜欢的字体即可,调整合适的大小和位置,效果如图 3-36 所示。

图3-36　输入文字

步骤 **09** 选择文字，单击"排列"→"拆分"命令，调整拆分后，重新选定全部文字，进行排列，如图 3-37 所示。

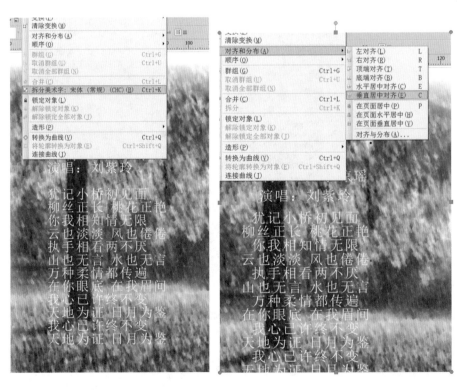

图3-37　拆分并调整文字

步骤 ❿ 最后给文字添加一个半透明的背景。保存文档，名称为"我心已许"歌单，如图 3-38 所示。

图3-38 给文字添加半透明背景

【知识要点学习】

3.2.1 滤镜操作概述

CorelDRAW X5提供了70多种功能各异的滤镜，并按效果不同进行了分组，如图3-39所示。

这些滤镜共分为十组，分别是：三维效果、艺术笔触、模糊、颜色转换、轮廓图、创造性、扭曲、杂点、鲜明化等，可以制作出共70多种特殊效果。使用时先选择相应的滤镜命令，然后在弹出的对话框中进行参数设置即可。

滤镜的使用步骤如下：

（1）将所选用的位图导入 CorelDRAW 中，使用"挑选工具"选中该位图。

（2）选择所要应用的滤镜命令，打开相应的对话框。

（3）在打开的对话框中进行参数的设置，对位图进行滤镜效果应用。

大部分滤镜的对话框的结构都很类似，以三维效果中的"浮雕"滤镜对话框为例来介绍，如图 3-40 所示。

重点介绍两个按钮的作用：

"预览"按钮：单击此按钮可以预先看到滤镜效果。如果对预览效果满意，可单击"确定"将效果真正应用于图像；

图3-39 滤镜分组情况

如果对预览效果不满意，则可以改变设置，直到满意为止。

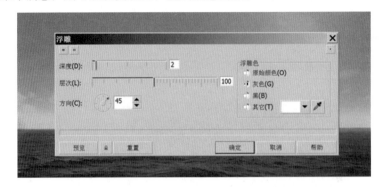

图3-40　"浮雕"对话框

"锁定"按钮：单击此按钮，该按钮变成激活状态，相当于启动了随时预览的功能。

每改变一次参数，滤镜效果就会立即被应用于所选位图。因为每改变一次参数，计算机都要进行运算，我们要等待一定时间才能看到位图发生的变化，并且才能进行下一次的参数设置。如果觉得这样太慢，则可再单击"锁定"按钮，让它变成非激活状态，这样就可以连续改变参数，再查看位图所发生的变化。

如果位图较小，则可以激活"锁定"按钮。否则不必激活。

"重置"按钮：单击此按钮，对话框中的参数都恢复到以计算机默认值进行重新设置。

"帮助"按钮：单击此按钮，则打开 CorelDRAW 的"帮助"窗口，从中可以查阅帮助文件。

"双窗口"按钮：单击此按钮，对话框内就会出现两个窗口，第一个窗口内显示所选的位图。调整参数后，单击"预览"按钮就可以通过右边的窗口来预览滤镜效果。并可以与左边窗口显示的原图对比应用滤镜后的效果变化程度，如图 3-41 所示。

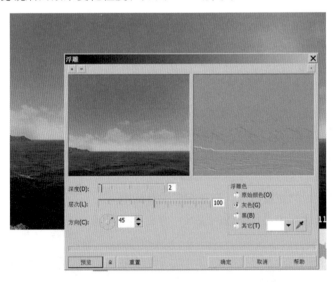

图3-41　双窗口的对比效果

"单窗口"按钮：单击此按钮，在对话框中仅出现一个大窗口（相当于双窗口的总大小）。调整参数后，单击"预览"按钮，可在此窗口中预览到滤镜的效果，如图 3-42 所示。

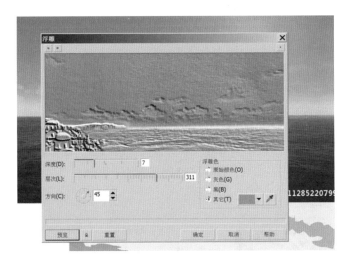

图3-42 单窗口效果

在滤镜对话框中，无论是单窗口还是双窗口显示，当指针移动到窗口显示范围内时，指针会变成手形，此时按住鼠标左键拖动即可移动窗口内的视图，从而改变显示范围。

3.2.2 应用位图的特殊效果

如图 3-43 所示的图，依次执行了若干特殊的效果。

图3-43 几个例子

以第一张为例：

（1）以前面介绍的方法将位图导入到 CorelDRAW 中来，并选中该位图。

（2）单击"矩形工具"，在位图上绘制一个稍小的矩形，如图 3-44 所示。

小提示

这里选用黄色的轮廓线，以便能看得更清楚。轮廓线的选择，可在选中矩形后，右击调色板中的颜色即可。

（3）单击"挑选工具"，选中位图。

（4）单击"效果"→"图框精确剪裁"→"放置在窗口内"命令，将所出现的箭头对准黄色轮廓线单击，位图即放置在矩形内，被矩形精确剪裁的效果如图 3-45 所示。

图3-44　绘制矩形

图3-45　图框精确剪裁效果

 小提示

因为位图不能制作立体化效果，所以将位图放在矩形内，以制作效果。

（5）单击"立体化工具"，如图 3-46 所示，在位图上单击并拖动鼠标移动一段距离。

（6）在属性栏上单击"立体化类型"下拉按钮，在弹出的下拉列表中单击第二行第一个按钮，得到如图 3-47 所示的效果。

图3-46　移动鼠标效果

图3-47　立体化效果

（7）在属性栏中单击"颜色"按钮，在打开的对话框中选择颜色中的第三个（使用递减的颜色），如图 3-48 所示。

（8）单击"从"下拉按钮，在出现的调色板中选择和位图颜色接近的颜色（黑色）。单击"到"下拉按钮，在出现的调色板中选择淡黄色。

（9）位图的立体框架的侧面被渐变色填充。

（10）使用"挑选工具"选中整个图形，将鼠标指针移至调色板上的无色标志上右击，取消立体框架的轮廓线，完成整个效果，如图 3-49 所示。

图3-48　"颜色"对话框

图3-49　取消立体框架的轮廓线

以第二张为例：

（1）导入所选中的位图，单击"位图"→"创造性"→"虚光"命令，打开"虚光"对话框，如图 3-50 所示。

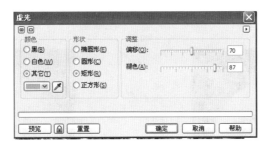

图3-50　"虚光"对话框

（2）在"虚光"对话框中进行如图 3-50 所示的设置，单击"确定"按钮，位图则变成正圆形的虚光效果，如图 3-51 所示。

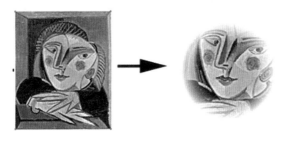

图3-51　原图至虚光效果

（3）需要注意的是，在"虚光"对话框中将虚光颜色选择为白色，所以所看到的位图现在是圆形，但是位图的轮廓还是矩形的。可以在位图下面绘制一个黑色的矩形以便看到轮廓，如图 3-52 所示。

（4）单击"椭圆工具"，按住 Ctrl+Shift 组合键的同时从位图中心点绘制一个大小适合的正圆，如图 3-53 所示。

图3-52　位图的轮廓仍然是矩形　　　　　　　　图3-53　绘制圆形

（5）使用"挑选工具"选中位图，单击"效果"→"图框精确剪裁"→"放置在容器内"命令，然后对准正圆单击，得到位图放置在正圆内的效果，如图 3-54 所示。

（6）右击调色板上的无色按钮，去掉正圆的轮廓线。单击黑色的矩形，按 Delete 键删除。则当前只剩下裁剪后的位图，完成最终效果。

（7）还可以由第五步开始，去掉正圆的轮廓线后，使用第一张图片的方法做出另一特殊的效果，如图 3-55 所示。

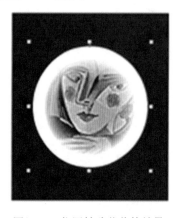

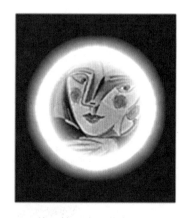

图3-54　位图精确剪裁的效果　　　　　　　　图3-55　使用第一张图片方法制作的效果

以第三张为例：

（1）选中导入的位图，单击"位图"→"扭曲"→"块状"命令，打开"块状"对话框，如图 3-56 所示。

图3-56　"块状"对话框

（2）进行如图 3-56 所示的设置，单击"确定"按钮。位图执行了块状效果，未定义区域以黑色填充，如图 3-57 所示。

（3）单击"阴影工具"，在属性栏上单击"预设"下拉按钮，在弹出的列表中选择 Flat Botton Right，如图 3-58 所示。

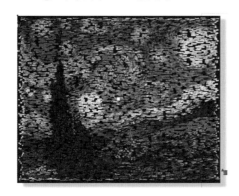

图3-57　块状效果

图3-58　选择样式

（4）在属性栏中选择阴影的羽化值为 15，选择阴影颜色为深紫色，效果如图 3-59 所示。

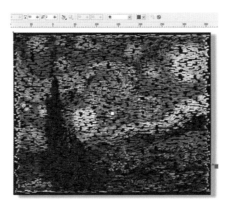

图3-59　位图的块状及阴影效果

以第四张为例：

（1）导入所选中的位图，并根据位图的大小，使用矩形工具绘制一个稍大的矩形，摆放在合适的位置，如图3-60所示。

（2）将所绘制的矩形填充为深兰色。再使用"矩形工具"绘制一个小矩形并填充为白色，放置在大矩形的左上角，如图3-61所示。

图3-60　绘制大矩形　　　　　　　　　　　　　图3-61　填充大矩形并绘制小矩形

（3）单击"排列"→"转换"→"位置"命令，或者按快捷键Alt+F10打开"转换"泊坞窗，进行如图3-62所示的设置。

（4）单击"转换"泊坞窗中的"应用到再复制"按钮，则小矩形就会向右平移15mm。不断单击"应用到再制"按钮则不断复制出向右移动15mm的小矩形，直到大矩形的边缘为止，如图3-63所示。

（5）单击"排列"→"造形"→"修剪"命令，打开"造形"泊坞窗，取消勾选"保留原件"中的两个复选框，如图3-64所示。

（6）使用"挑选工具"将小矩形全部选中单击"造形"泊坞窗中的"修剪"按钮，并将光标移到深兰色大矩形处单击，则深兰色的大矩形被这些小矩形"掏空"，完成修剪的效果，如图3-65所示。

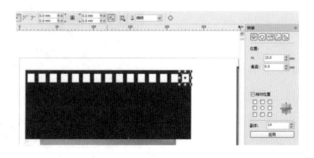

图3-62　"转换"泊坞窗　　　　　　　　　　　　图3-63　应用到再制效果

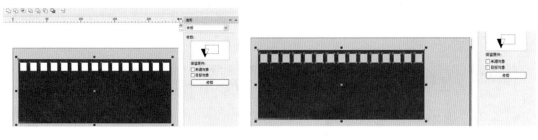

图3-64 "造形"泊坞窗   图3-65 修剪效果

（7）打开"转换"泊坞窗，单击"缩放和镜像"按钮，进行如图 3-66（a）所示的设置，并单击"应用到再制"按钮，则复制一个与图 3-65 相同的大矩形，如图 3-66 所示。

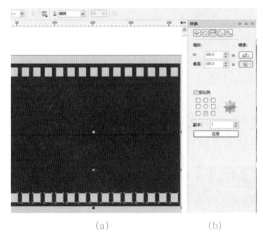

（a）   （b）

图3-66 复制矩形

（8）打开"造形"泊坞窗，在下拉列表中选择"焊接"，单击"焊接到"按钮，并单击源矩形，将图 3-66 再制的深兰色矩形与源矩形焊接为一个整体。

（9）单击"排列"→"顺序"→"到后部"命令，将焊接为一个整体的深兰色矩形放置在位图后面，如图 3-67 所示。

图3-67 顺序变换

（10）选中位图，单击"位图"→"创造性"→"框架"命令，在打开的对话框中选择"修改"选项卡，进行如图 3-68 所示的设置，位图变成毛边的效果，如图 3-69 所示。

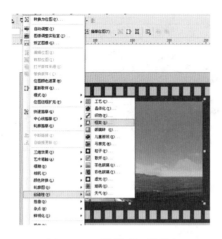

图3-68　"框架"对话框

图3-69　框架效果

（11）因为图 3-69 的位图中白色部分太多了，影响画面效果，所以再用"矩形工具"绘制一个比位图稍小的矩形。单击"效果"→"图框精确剪裁"→"放置在容器内"命令，将位图放置在这个稍小的矩形内，并调整到合适的位置，如图 3-70 所示。

（12）单击"文本工具"，在属性栏中选择字体 Comic Snas MS，字号 150，输入英文字母 ABCD，在调色板中选择桔黄色填充，即可完成最终效果，如图 3-71 所示。

图3-70　图框精确剪裁效果

图3-71　最终完成的效果

任务三　"清清影楼"设计与制作

【任务目标】

- 掌握"矩形工具"进行抠图的技能和技巧。
- 掌握"文字工具"进行横排和竖排等技巧。
- 掌握"浮雕"滤镜的使用方法。
- 通过海报的设计，提高学生的设计构图能力和色彩把控能力。

【任务描述】

通过影楼海报的设计与制作，进一步学习常用的编辑位图的方法。本任务主要学习"转换为位图"命令、"抠图"命令和"浮雕"命令的用法。

影楼海报效果如图3-72所示。

图3-72　影楼海报

【任务实施】

步骤 **01**　打开CorelDRAW X5软件，新建一个文件，在属性栏中设置宽度为150mm，高度186mm，如图3-73所示。

图3-73　新建文件

步骤 **02** 单击"矩形工具",绘制矩形,在属性栏中将绘制的矩形的宽改为150mm,长改为186mm,如图3-74所示。

图3-74 矩形尺寸设置

步骤 **03** 单击"均匀填充工具",如图3-75所示,填充颜色为RGB(67,138,124)。

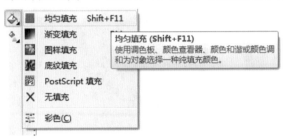

图3-75 单击"均匀填充工具"

步骤 **04** 选中矩形,单击"排列"→"对齐和分布"→"在页面居中"命令,如图3-76所示。

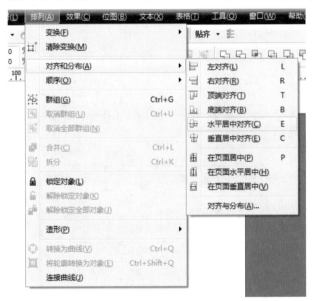

图3-76 单击"在页面居中"命令

步骤 **05** 右击矩形,弹出菜单,选择"锁定对象"命令,这样不会影响后面的操作,如图3-77所示。用前面绘制黑色矩形的方法绘制一个白色矩形,放在同样的位置,然后单击"形状工具",如图3-78所示。选择白色矩形的边缘并右击,弹出菜单,如图3-79所示,利用"添加""删除"结点和"到直线""到曲线""尖突""平滑""对称"工具将白色矩形调成如图3-80所示的效果。

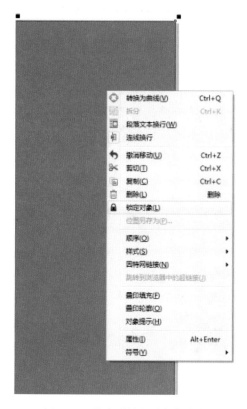

图3-77　单击"锁定对象"命令

图3-78　单击"形状工具"

图3-79　右键菜单

图3-80　调整后的效果

步骤 **06**　用相同的方法绘出辅助图案，然后将辅助图案复制一个移到右边，在属性栏中单击"水平镜像"按钮，如图 3-81 所示。

图3-81　水平镜像图形

步骤 **07**　导入以下图片，如图 3-82 所示。用前面调整白色矩形的方法进行抠图，抠成图 3-83 所示的样式。然后将其放置在页面中间，如图 3-84 所示。

图3-82　导入图片

图3-83　抠图效果

图3-84　居中放置

步骤 **08**　选中抠好的人物图片，单击"位图"→"转换为位图"命令，如图 3-85 所示。

图3-85 转换为位图

步骤 **09** 继续单击位图，单击"三维效果"→"浮雕"命令，在弹出的对话框中将颜色改为其他，设置 RGB 颜色（67，138，124），如图 3-86～图 3-88 所示。

图3-86 单击"浮雕"命令

图3-87 "浮雕"对话框

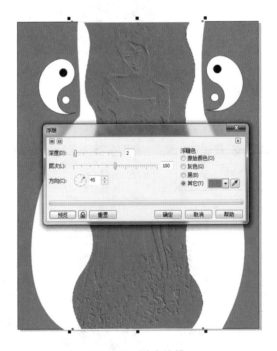

图3-88 浮雕效果

步骤 **10** 输入文字，对文字进行排版，"封装你的美丽"用华文行楷，"清清"用隶书，"影楼"用华文彩云，选中"影楼"在界面右下角更改文字的填充颜色和轮廓颜色、轮廓粗细，如图3-89所示。

步骤 **11** 同样的方法，更改其他文字的填充颜色和轮廓粗细、颜色，最终效果如图3-90所示。

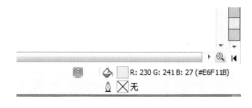

图3-89 设置颜色

图3-90 最终效果

步骤 **12** 保存文档，名称为"影楼海报"。

项 目 实 训

【项目实训一】摄影爱好者网站效果图

搜集类似的素材，构图和色彩也根据自己的喜爱和设计理念进行设计。题材不变即可，效果如图 3-91 所示。

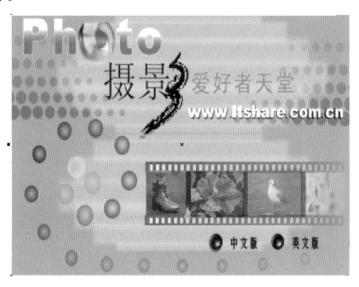

图3-91 实训一效果图

【项目实训二】天使之城电影海报

搜集类似的素材，构图和色彩也根据自己的喜爱和设计理念进行设计。题材不变即可，效果如图 3-92 所示。

图3-92　实训二效果图

项 目 总 结

通过任务一至任务三的学习，让学生全面学习了位图导入、编辑位图的方法技巧，及一些基本的命令，如"导入""抠图""虚光""滤镜""彩色蜡笔""转换为位图""浮雕"等。掌握"文字阴影""形状工具""虚光"命令、"虚光""位图颜色遮罩""透明工具""彩色蜡笔""矩形工具""水平镜像"等使用技巧。通过新年卡、心情卡、影楼海报的设计与制作，提高学生的构图水平和色彩把控能力，培养学生的动手能力和创新创意思想。

项目四

海报设计与制作

 项目描述

在设计领域工作过程中，经常会接到一些需要大量印刷的"海报"设计项目，这时需要使用矢量编辑软件来完成本项目使用 CorelDRAW X5 来完成各种"海报"作品的设计与制作。

学习目标

知识目标：学生通过前三个项目的学习，已经累积了对 CorelDRAW X5 软件的大量操作，但是知识没有得到充分的总结和提炼。同时，学生在初步掌握了项目一～项目三的知识后，需要全面的应用和提高。所以本项目旨在加深学生对"位图"处理的技巧，巩固对 CorelDRAW X5 软件的操作；深刻了解运用 corelDRAW X5 的强大设计功能，掌握矢量图的设计技巧和在印刷中的重要作用。

能力目标：本项目要求掌握位图的编辑方法、色彩调整方法以及各种滤镜的使用方法，并且能够在具体的设计制作中正确熟练地运用。

重点与难点

重点：位图编辑工具及常用滤镜工具。

难点：灵活掌握和运用滤镜进行商业案例设计。

项目简介

任务一　电影节海报

任务二　茶香怡然海报

任务三　美丽不是天生海报

更多惊喜

任务一 电影节海报

【任务目标】

- 掌握滤镜工具组的使用。熟悉常用滤镜的使用方法。
- 重点掌握"虚光""高斯模糊""边框""水彩画""浮雕"等滤镜的使用方法。
- 进一步熟练使用"形状工具"进行抠图的技巧。
- 并会使用"滤镜"菜单中全部的命令的调用方法。
- 通过学习,提高学生的设计能力,其中包括构图、色彩的把握、文字的设计、图形的设计等能力。

【任务描述】

本任务主要是要加强对 CorelDRAW X5 的常用工具组和"滤镜"菜单的调用方法。通过三个任务和两个实训项目的设计与制作,训练学生的设计理念和操作技巧。

电影节海报效果如图 4-1 所示。

图4-1 电影节海报效果图

【任务实施】

步骤 **01** 打开 CorelDRAW X5 软件,新建一个文件,在属性栏中输入页面大小为 297mm×210mm,页面方向选择横向。

步骤 **02**　单击"文件"→"导入"命令，找到并单击位图（1）.Jpg，再单击"导入"按钮，如图 4-2 所示。

图4-2　"导入"对话框

步骤 **03**　在属性栏中输入数值 297mm×210mm，调整大小。

步骤 **04**　下面给图片添加一个滤镜。选中位图的情况下，单击"位图"→"模糊"→"高斯模糊"命令，如图 4-3 所示，此时会弹出一个对话框，将半径改为 6 像素，单击"预览"按钮，可看到模糊的效果，单击"确定"按钮。

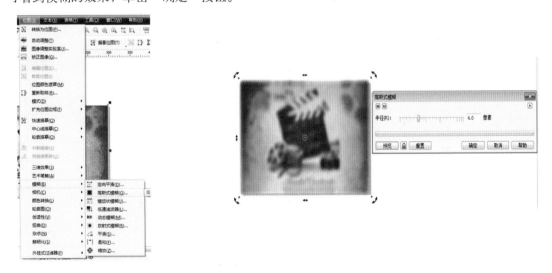

图4-3　"高斯式模糊"对话框

步骤 **05**　单击"矩形工具"，绘制一个长为297mm、宽为10mm的矩形。单击"均匀填充工具"，填充为黑色，如图 4-4 所示。双击右下角"轮廓颜色"图标，宽度选择无。

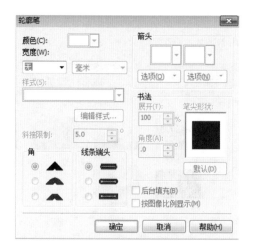

图4-4 "轮廓笔"对话框

步骤 **06** 单击"矩形工具",在黑色长矩形中,绘制一个长和宽都为8mm的正方形,将颜色改为白色,轮廓为无。

步骤 **07** 选中白色小正方形,单击"排列"→"变换"→"位置"命令,横向处改为10mm,勾选"相对位置"复选框,"副本"输入28,单击"应用"按钮,如图4-5所示。效果如图4-6所示。

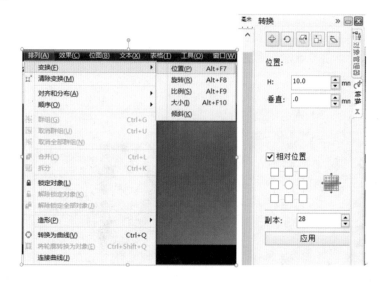

图4-5 "转换"对话框

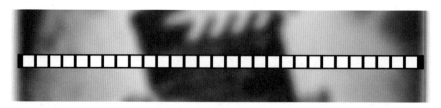

图4-6 复制完成效果图

步骤 **08** 打开"对象管理器"泊坞窗按住 Shift 键选中黑色长矩形和 29 个白色小正方形，按 Ctrl+G 组合键将其成组。接着选好已经成组的图形，按住鼠标左键不放，向下拖动至合适位置，右击，即可完成复制。效果如图 4-7 所示。

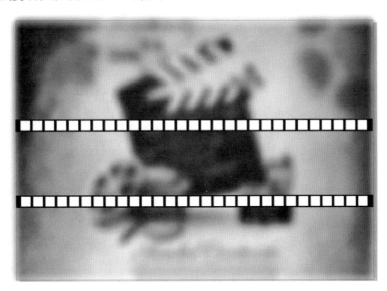

图4-7 完成效果图

步骤 **09** 单击"矩形工具" ▣ ，在两个矩形条之间绘制一个长 65mm，宽 52mm 的矩形，注意第一个矩形与图形边界保持 3～5mm 的距离。单击"排列"→"变换"→"位置"命令，设置和效果如图 4-8 所示。

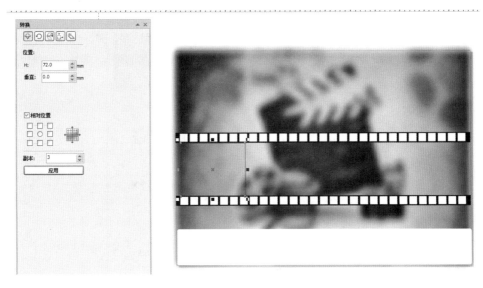

图4-8 矩形效果

步骤 **10** 下面导入位图。单击"文件"→"导入"命令，按住"Ctrl"键选中要导入的四张图片，依次排列在面板中。并且，把每张图片的大小改为 65mm×52mm。

步骤 ⑪ 选中第一张图片，单击"效果"→"图框精确裁剪"→"放在容器中"命令，此时鼠标指标会变成一个小箭头，单击第一个矩形，图片就会放到矩形中。如果觉得位置不合适，可以右击，单击"编辑内容"命令，完成后继续右击，选择"结束编辑"命令。剩下的三张图片方法同上，效果如图 4-9 所示。

图4-9 效果设置

步骤 ⑫ 下面绘制路径文字。首先单击"贝塞尔工具"，在图片上方绘制一条曲线，使用"形状工具"调整曲线弧度。单击"文字工具"，在刚绘制的曲线上面双击，可以看到输入文字的闪动光标的角度是随着曲线的弧度的，输入文字即可。

步骤 ⑬ 选中输入的文字，字体大小为45pt，字体样式可选。单击"渐变填充"工具，设置自定义，颜色为（0，100，100，0）、（4，64，87，0）、（0，0，100，0）、（100，0，100，0）、（40，80，0，20），如图 4-10 所示。

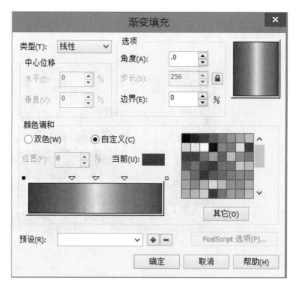

图4-10 "渐变填充"对话框

步骤 ⑭ 选中文字，单击"排列"→"拆分在一路径上的文本"命令，将曲线和文字分开，再删除曲线图层，效果如图 4-11 所示。

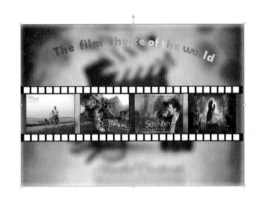

图4-11 拆分路径文本

步骤 **15** 单击"调和工具",给文字添加一个轮廓;再单击"轮廓图工具",设置数值如图 4-12 所示,效果如图 4-13 所示。

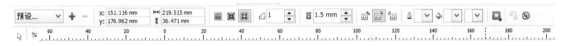

图4-12 轮廓图属性栏设置

步骤 **16** 继续使用"文本工具"输入文字"世界电影精选",字体为华文行楷,大小为45pt,选中文字,将颜色改为白色。在单击"阴影工具",点击文字,按住鼠标左键拖动,即可看到有阴影效果出现,拖动到合适效果即可。将阴影羽化改为5,效果如图 4-14 所示。

图4-13 添加文字文字轮廓效果   图4-14 羽化效果

步骤 **17** 单击"矩形工具",在图片下方绘制一个长为297mm、宽为35mm的矩形,颜色填充为白色,轮廓为无,圆角半径为2mm,如图 4-15 所示。

图4-15 属性栏设置

步骤 **18** 继续在白色矩形中添加文字，字体改为华文仿宋，大小为20pt，颜色改为（93,82,56,31），效果如图4-16所示。

步骤 **19** 单击"文件"→"保存"命令。也可以点击"导出"命令，导出JPG格式的文件。

图4-16　在白色矩形中添加文字

任务二　茶香怡然海报

【任务目标】

- 熟练掌握"颜色转换""梦幻色调""虚光"、"高斯模糊"、"边框"、"水彩画"、"浮雕"等滤镜的使用方法。
- 进一步熟练使用"透明工具"的使用技巧。
- 通过学习，提高学生的设计能力，其中包括构图、色彩的把握、文字的设计、图形的设计等等能力。

【任务描述】

本案例，主要是通过"茶香怡然"海报的设计与制作，加深对CorelDRAW X5 的常用工具组和"滤镜"菜单的调用方法，提高学生的海报设计水平和构图技巧。

茶香怡然效果如图4-17所示。

图4-17　茶香怡然

【任务实施】

步骤 **01**　打开 coreldraw X5，单击"文件"→"新建"命令，创建一个宽度为 380mm、高度为 200mm 的新文档，设置横向，如图 4-18 所示。

图4-18　新建文档

步骤 **02**　单击"矩形工具"，在工作区中按住鼠标左键拖动创建一个矩形。将它的宽改为 300mm，高改为 150mm。填充 CMYK：0、40、60、20，如图 4-19 所示。

图4-19　创建矩形并填充

步骤 **03** 单击"文件"→"导入"命令，导入"茶山"图片，并为它调整好合适的大小，如图4-20所示。

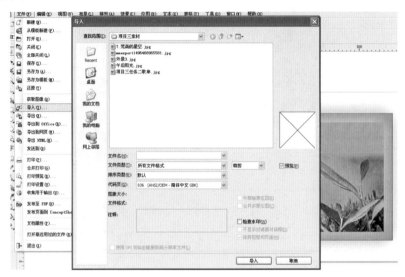

图4-20 导入图片

步骤 **04** 选中该位图，将它水平翻转一下，然后再用"形状工具"对其进行适当的抠图，将上下多余区域去掉，如图4-21所示。

图4-21 翻转图片并抠图

步骤 **05** 将茶山位图改为280*130mm。接着为该位图添加"梦幻色调"滤镜。单击"位图"→"颜色转换"→"梦幻色调"命令，如图4-22所示。

步骤 **06** 参数设置如图4-23所示。

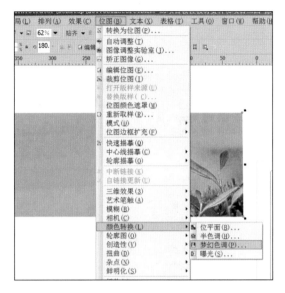

图4-22　单击"梦幻色调"命令

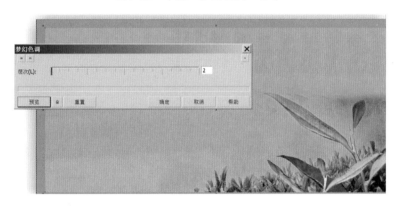

图4-23　"梦幻色调"对话框

步骤　**07**　按快捷键Ctrl+I导入素材"茶道"，并单击"剪裁工具"，选中需要保留的部分，在选中的区域内双击，将素材多余的部分剪掉。然后将它放置到位图"茶山"的左边，调整大小和位置，如图4-24所示。

图4-24　导入图片

步骤 **08** 为素材"茶道"添加"边缘检测"滤镜。单击"位图"→"轮廓图"→"边缘检测"命令，在弹出的对话框中设置背景色为（C38，M29，Y64，K0，）、灵敏度为1，如图4-25和图4-26所示。

图4-25 单击"边缘检测"命令

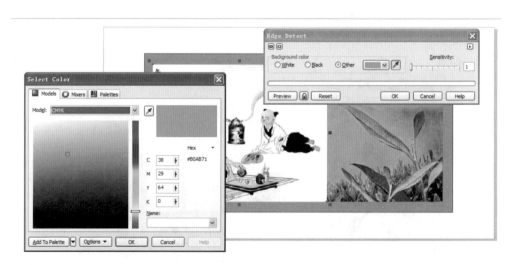

图4-26 参数设置

步骤 ⑨ 为素材"茶道"添加透明，单击"调和工具"，选择透明度，设置类型为线性，选中"茶道"位图，将它从左至右拉动，如图4-27所示。

图4-27 调整透明度

步骤 ⑩ 单击"文字工具"，单击"直排"按钮，为文档添加文字"苍松绿荫茶侣聚，名山异乡人夸语。不论世事只论奇，春分冬至称陆羽。"设置文字类型为方正舒体，大小为30pt，如图4-28所示。

图4-28 输入文字

步骤 ⑪ 单击"文字工具"，添加文字"茶。"设置文字字体为"华文隶书"，调整适当的大小，如图4-29所示。

步骤 ⑫ 使用"矩形工具"绘制一个宽为300mm，长为150mm的矩形，设置填充颜色为适当的颜色。再右击矩形，在弹出的菜单中单击"顺序"→"到图层后"命令。再给该矩形添加交互式阴影效果，如图4-30所示。

图4-29　输入文字

图4-30　添加阴影效果

步骤 **13**　在图形左边创建一个宽为 10mm，长为 165mm 的矩形。再右击矩形，在弹出的菜单中单击"转换为曲线"命令。使用"形状工具"右击需要转换的对象，单击"到曲线"命令，将此矩形调整为曲线，如图4-31所示。再将此矩形进行渐变填充，调整渐变效果如图4-32所示。

图4-31　分别单击"转换为曲线"和"到曲线"命令

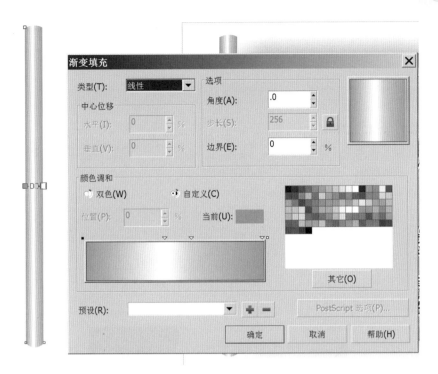

图4-32 调整渐变效果

步骤 **14** 调整整体的构图和彩色，再将局部做微调后，存盘为"茶道怡然.cdr"。单击"文件"→"导出"命令，将其导出为 JPG 格式的效果图。最终效果图如图 4-33 所示。

图4-33 最终效果图

任务三　美丽不是天生海报

【任务目标】

- 熟悉常用滤镜的使用方法。
- 重点掌握"虚光""高斯模糊""边框""水彩画""浮雕"等滤镜的使用方法。
- 进一步熟练使用"形状工具"进行抠图的技巧。
- 学会使用"滤镜"菜单中的命令。
- 通过学习,提高学生的设计能力,包括构图、色彩的把握、文字的设计、图形的设计等能力。

【任务描述】

通过"美丽不是一生"海报的设计与制作（见图4-34）,提高学生对海报的设计能力,培养学生的动手能力和处理问题的能力。

图4-34　美丽不是天生的海报

【任务实施】

本任务主要是通过"美丽不是天生"的海报的设计与制作,加深学生对CorelDRAW X5常用工具组和"位图"菜单的理解,更加熟练地掌握这些工具的使用方法,训练学生的设计理念和操作技巧。

步骤 **01**　创建新文本，文本大小为210 mm×285 mm，其他数据保存默认，如图4-35所示。

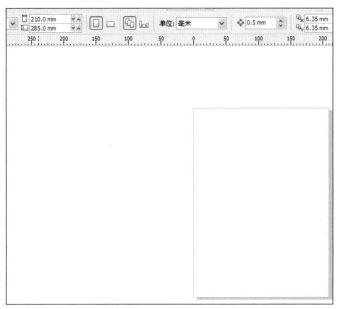

图4-35　新建文档

步骤 **02**　单击"文件"→"导入"命令（见图4-36），导入给定图片"并非天生丽质"（可使用快捷键 Ctrl+I），并修改图片大小为文档大小 360 mm×270 mm。

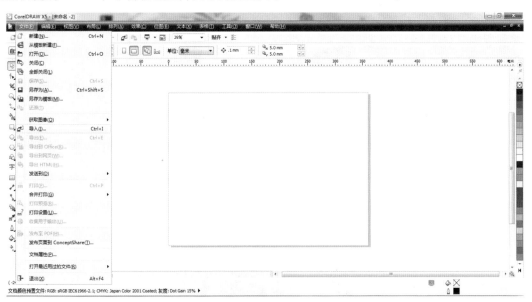

图4-36　单击"导入"命令

步骤 **03**　再调整导入的背景图片位置到页面中心。单击"排列"→"对齐和分布"→"在页面居中"，如图 4-37 所示。

图4-37 单击"页面居中"命令

步骤 **04** 按照同样的方法，导入图片"美丽不是天生"，如图 4-38 所示。

图4-38 导入素材

步骤 **05** 对位图"美丽不是天生"进行抠图处理：选择"位图"→"轮廓描摹"→"高质量图像"命令，如图 4-39 所示。

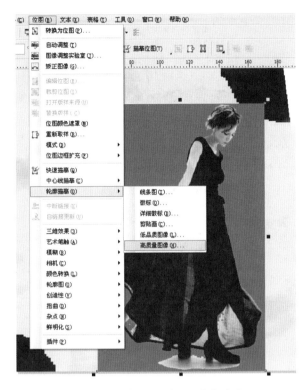

图4-39 选择"高质量图像"命令

步骤 **06** 在弹出的"powerTRACE"对话框中做如下设置：将细节调整至最高，平滑修改为25，其他数据保持默认，如图4-40所示。

图4-40 "powerTRACE"对话框

步骤 **07** 单击"确定"按钮，图已经变成矢量图，如图4-41所示。

图4-41 转为矢量图

步骤 **08** 对该位图进行取消群组处理：选择"排列"→"取消群组"命令。然后删除不需要的元素，保留需要的元素，并进行群组处理：选择"排列"→"群组"命令，如图4-42所示。

图4-42 群组图像

步骤 **09** 选择"手绘工具"，绘制图形，填充相应的颜色后，放置到适当的地方，如图4-43所示。

图4-43 绘制图形

步骤 ⑩ 选择"文字工具",设计如图 4-44 所示的文字。

图4-44 设计文字

步骤 ⑪ 继续添加曲线文字:选择"贝塞尔线工具",绘制如图 4-45 所示的曲线;再选择"文字工具",输入相应的文字;再选择"文字"→"使文本适应路径"命令,让文字变成跟随曲线走动。

图4-45 让文字变成跟随曲线走动。

步骤 **12** 继续添加曲线文字：选择"贝塞尔线"工具，绘制如图4-46所示的曲线，再选择"文字工具"，输入相应的文字；再选择"文字"→"使文本适应路径"命令，让文字变成跟随曲线走动。

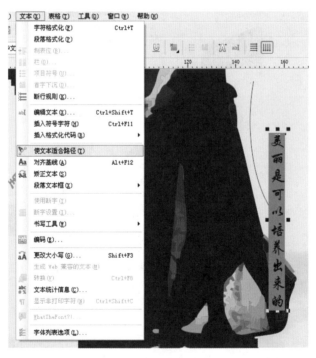

图4-46 继续绘制文字

步骤 **13** 选择"排列"→"拆分在一路径上的文本"命令，将文字拆散，如图4-47所示。

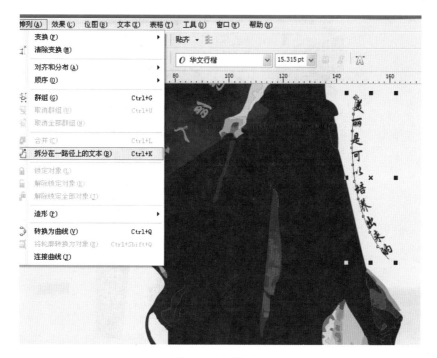

图4-47　拆散文字

步骤 **14**　删除拆分后的路径，效果如图 4-48 所示。

图4-48　删除路径

步骤 **15**　再添加自己认为可以添加的细节，包括文字或者图形。最终效果图如图 4-49 所示。

图4-49　最终效果

项 目 实 训

【项目实训一】咖啡人生

搜集类似的素材，构图和色彩也根据自己的喜爱和设计理念自行设计，题材不变，如图4-50所示。

图4-50　实训一效果图

【项目实训二】荷花节海报

搜集类似的素材，构图和色彩也根据自己的喜爱和设计理念自行设计，题材不变，如图 4-51 所示。

图4-51　实训二效果图

项 目 总 结

通过任务一至任务三的学习，让学生全面学习位图导入和编辑位图的方法技巧。深入了解和掌握了一些基本的命令，如"导入""抠图""虚光""滤镜""彩色蜡笔""转换为位图""浮雕"等。掌握"文字阴影""形状工具""虚光命令""虚光""位图颜色遮罩""交互式透明工具""彩色蜡笔""矩形工具""水平镜像"等的使用技巧。通过三个任务的设计与制作，提高学生的构图水平和色彩把控能力，培养学生的动手能力和创新创意思想。

通过两个实训"咖啡人生"和"荷花节海报"的制作，让学生总结了前面项目一、项目二、项目三以及当前项目四的全部知识点，深刻了解了运用 CorelDRAW X5 的强大设计功能，掌握矢量图的设计技巧和在印刷中的重要作用。

项目五

企业 VI 设计与制作

项目描述

　　VI 设计是企业形象设计的整合，它通过具体的符号将企业理念、文化特质、企业管理等抽象概念充分进行表达，以标准化、系统化的方式，塑造企业形象和传播企业文化。VI 设计分为两个要素：一是基础要素，包括标志、标准字体、标准颜色、辅助图形等；二是应用要素，主要包括办公用品、广告宣传、公关礼品、交通运输、服装等。本项目使用 CorelDRAW X5 软件以"尚果驿站"的 VI 设计为例，讲解 VI 各个项目的设计方法和制作技巧。

学习目标

　　知识目标：了解企业 VI 设计中的标志、工作证、灯箱的设计技巧。本项目旨在加深学生对 VI 要素的造形的技巧，巩固对 CorelDRAW X5 软件的操作；深刻了解了运用 CorelDRAW X5 的强大设计功能，掌握标志、工作证、灯箱的制作步骤与设计方法。

　　能力目标：本项目要求掌握绘图工具、色彩调整方法以及各种变形工具的使用方法，并且能够在具体的设计制作中正确熟练地运用。

重点与难点

　　重点：VI 设计的设计技巧和方法。

　　难点：制作 VI 基本工具的使用方法。

项目简介

　　任务一　尚果驿站标志网格制图

　　任务二　工作证的设计与制作

　　任务三　灯箱的设计与制作

更多惊喜

任务一　尚果驿站标志网格制图

【任务目标】

掌握贝塞尔工具、艺术笔、手绘工具、调和工具、水平或垂直度量工具的使用方法和标志网格制图的制作步骤与技巧。

【任务描述】

通过运用设计软件对尚果驿站标志进行设计与制作，训练学生的创新能力和造形能力，练习网格制作的方法。

尚果驿站标志网格制图如图 5-1 所示。

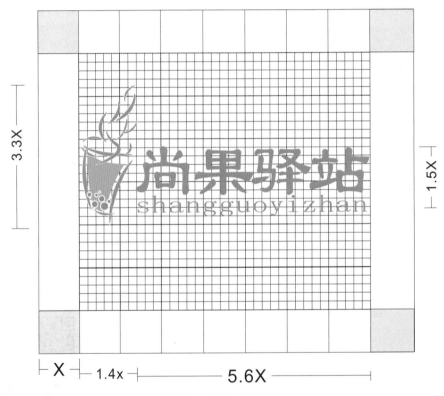

图5-1　任务一效果图

【任务实施】

步骤 **01**　单击"文件"→"新建"命令，打开"创建新文档"对话框，创建一个名称为"尚果驿站标志"，宽为 300mm、高为 200mm 的空白文件，具体设置如图 5-2 所示。使用"贝塞尔工具" 绘制图形，颜色填充为 C23、M33、Y69、K0，并去除图形的轮廓线，效果如图 5-3

所示。再用"贝塞尔工具" ﹨沿着形状外形绘制出奶茶杯体，如图5-4所示。

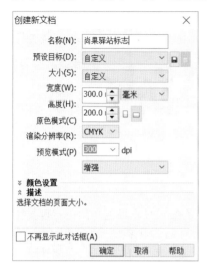

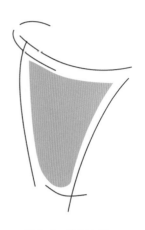

图5-2　创建新文档　　　　　图5-3　绘制图形　　　　　图5-4　绘制杯体

步骤 **02**　单击"艺术笔工具" ﹨，设置"艺术笔"属性栏，如图5-5所示，杯体颜色填充为C64、M24、Y100、K0，轮廓线为白色，效果如图5-6所示。用同样的方法绘制热气，效果如图5-7所示。单击"椭圆形工具" ○，按住Ctrl键的同时拖动鼠标，绘制大大小小的正圆，颜色填充为C64、M24、Y100、K0，轮廓线为白色，效果如图5-8所示。

图5-5　设置"艺术笔"属性栏

图5-6　填充颜色　　　　　　图5-7　绘制热气　　　　　图5-8　绘制奶茶珍珠

步骤 **03**　单击"文本工具"，输入文字"尚果驿站"，字体为"隶书"，大小为90，文本方向为水平方向，文字颜色为C64、M24、Y100、K0，在中文字体下面输入隶书英文"shangguoyizhan"，大小为30，调整文字的位置，效果如图5-9所示。

图5-9　编辑文字

步骤 **04**　单击"手绘工具" ，按住 Ctrl 键的同时绘制一条直线，颜色为黑色；再按住 Ctrl 键的同时垂直向下拖动直线，并在适当的位置上右击，复制直线，效果如图 5-10 所示。选中两条直线，单击"调和工具"，在两条直线之间应用调和，效果如图 5-11 所示。在属性栏中进行设置，如图 5-12 所示，按 Enter 键，效果如图 5-13 所示。

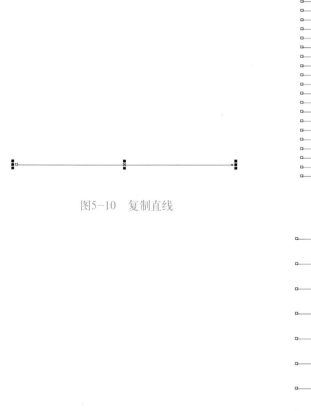

图5-10　复制直线

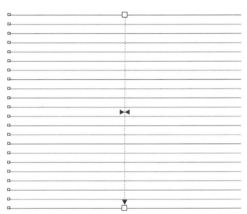

图5-11　使用"调和工具"

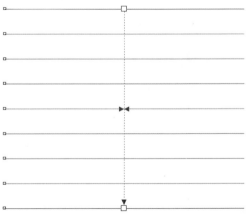

图5-12　设置"调和工具"属性栏

图5-13　编辑后的效果

步骤 **05**   单击"挑选工具",单击"排列"→"变换"→"旋转"命令,弹出"转换"泊坞窗,选项的设置如图 5-14 所示,单击"应用"按钮,效果如图 5-15 所示。

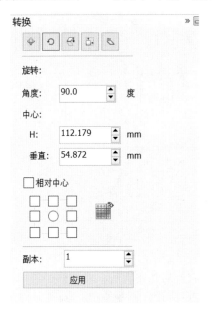

图5-14   "转换"泊坞窗

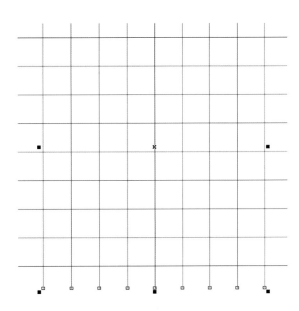

图5-15   变换后的效果图

步骤 **06**   单击"挑选工具",分别调整两组调和图形的长度到适当的位置,效果如图 5-16 所示。右击其中一组调和图形,选择"拆分调和群组"命令;再右击,选择"取消全部群组"命令。用相同的方法,选取另一组调和图形,拆分并解组图形。选中垂直方向右侧的直线,按住 Ctrl 键的同时水平向右拖动直线,并在适当的位置上右击,复制直线,效果如图 5-17 所示。

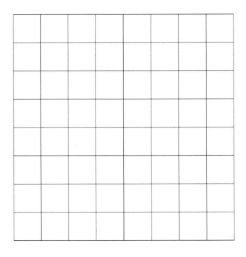

图5-16   调整两组调和图形

图5-17   复制直线

步骤 **07**   按住 Shift 键的同时,依次单击水平方向需要的几条直线,将其同时选取,如

图 5-18 所示，向右拖动直线左侧中间的控制手柄到适当的位置，调整直线的长度，效果如图 5-19 所示。

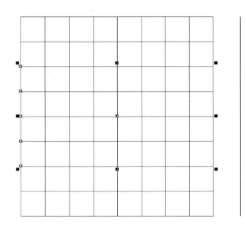

图5-18　选取直线　　　　　　　　　　　　图5-19　调整直线的长度

步骤 **08**　按住 Shift 键的同时，依次单击水平方向需要的几条直线，将其同时选取，如图 5-20 所示，向右拖动直线右侧中间的控制手柄到适当的位置，调整直线的长度，效果如图 5-21 所示。

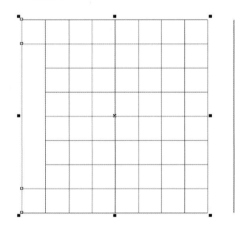　　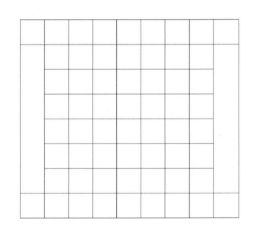

图5-20　选取直线　　　　　　　　　　　　图5-21　调整直线的长度

步骤 **09**　单击"挑选工具"，同时选中两条水平方向的直线，如图 5-22 所示，单击"调和工具"，在两条直线之间应用调和，在属性栏中进行设置，效果如图 5-23 所示。按 Enter 键，效果如图 5-24 所示。

步骤 **10**　单击"挑选工具" ▷，按住 Ctrl 键的同时垂直向下拖动图形，并在适当的位置上右击，复制一个图形，如图 5-25 所示，按需要再复制出多个图形，效果如图 5-26 所示。在泊坞窗中将"旋转角度"设为90，"副本"为1，单击"应用"按钮，进行调整位置，再进行复制，效果如图 5-27 所示。

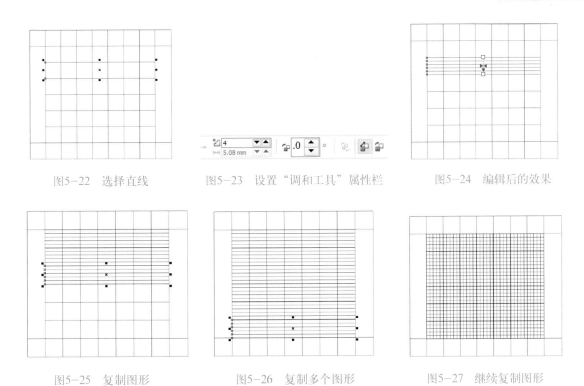

图5-22 选择直线　　　　图5-23 设置"调和工具"属性栏　　　　图5-24 编辑后的效果

图5-25 复制图形　　　　图5-26 复制多个图形　　　　图5-27 继续复制图形

步骤 ⑪ 单击"矩形工具"，在网格的四个角绘制矩形，颜色填充为C0、M0、Y0、K10，把网格全部选中进行群组，效果如图5-28所示。选中标志，拖动到网格适当的位置，并调整其大小，如图5-29所示。

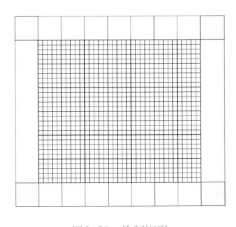

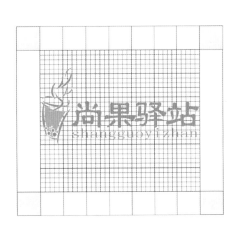

图5-28 绘制矩形　　　　　　　图5-29 添加标志

步骤 ⑫ 单击"水平或垂直度量工具"，量出灰色矩形的边长数值，如图5-30所示。选中数值，使用"文本工具"将数值改为"X"，如图5-31所示。再量出所需要标注的其他数值，标志制图制作完成，效果如图5-32所示。

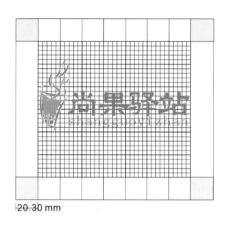

图5-30 绘制量度

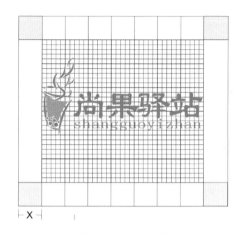

图5-31 更改数值

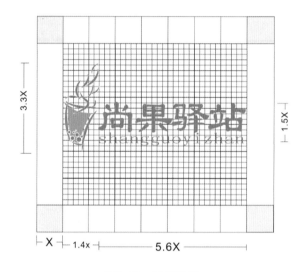

图5-32 最终效果

任务二 工作证的设计与制作

【任务目标】

掌握基本工具的使用方法和工作证正反两面的制作步骤与技巧。

【任务描述】

通过运用"贝塞尔工具""椭圆工具""矩形工具"、手绘工具等工具，绘制工作证的正反面，让学生了解工作证的设计与制作方法。

工作证的正面和反面效果如图5-33所示。

正面　　　　　反面

图5-33 任务二效果图

【任务实施】

步骤 **01** 单击"文件"→"新建"命令，打开"创建新文档"对话框，创建一个名称为"工作证"，宽为 300mm、高为 300mm 的空白文件，具体设置如图 5-34 所示。单击"矩形工具"，绘制一个高 126mm、宽 95mm 的矩形，颜色填充为 C0、M0、Y0、K10，边框色为 C0、M0、Y0、K40，边框粗细为 0.2，在属性栏中单击"圆角"按钮，对矩形进行圆角处理，圆角度设置为 4，效果如图 5-35 所示。

图5-34 创建新文档

图5-35 绘制圆角矩形

步骤 **02** 设置填充色为"白色"，去除边框线，在上一步绘制的圆角矩形内部绘制一个宽为 83mm、高为 110mm 的白色矩形，如图 5-36 所示。使用"钢笔工具"在圆角矩形的顶部绘制一个梯形，颜色填充为C0、M0、Y0、K10，边框色为C0、M0、Y0、K40，效果如图5-37所示。单击"矩形工具"，绘制一个高4mm、宽20mm的矩形，颜色填充为白色，边框色为C0、M0、Y0、K40，在属性栏中单击"圆角"按钮，对矩形进行圆角处理，圆角度设置为3，制作出镂空的效果，如图5-38所示。

图5-36　绘制白色矩形　　　　　　图5-37　绘制梯形　　　　　　图5-38　绘制圆角矩形

步骤 **03**　单击"椭圆形工具"，按住Ctrl键在圆角矩形左边拖动鼠标，绘制一个正圆，颜色填充为白色，边框色为C0、M0、Y0、K40，如图5-39所示，选中正圆，按住Ctrl键向右拖动鼠标，在适当的位子上右击，复制一个图形，如图5-40所示。

图5-39　绘制正圆　　　　　　　　　　　　　　图5-40　复制图形

步骤 **04**　单击"矩形工具"□，在镂空的圆角矩形上绘制一大一小矩形，颜色填充为C0、M0、Y0、K60，边框为黑色，如图5-41所示。单击"窗口"→"泊坞窗"→"造形"命令，在页面右边的"造形"泊坞窗中选择"焊接"，对这两个矩形进行焊接，如图5-42所示。

图5-41　绘制矩形　　　　　　　　　　　　　图5-42　焊接图形

步骤 **05**　单击"矩形工具"，绘制工作证的挂绳，颜色填充为C10、M0、Y33、K0，边框为C0、M0、Y0、K40，效果如图5-43所示。导入素材图尚果驿站标志，删除品牌名称，把标志图案移动到挂绳上，效果如图5-44所示。根据需要再复制几个标志图案，摆放在适当的位置，效果如图 5-45 所示。

　　步骤 **06**　选择所有图形并右击，选择"群组"命令，按住 Ctrl 键的同时水平向右拖动图形，并在适当的位置上右击，复制一个图形，如图 5-46 所示。

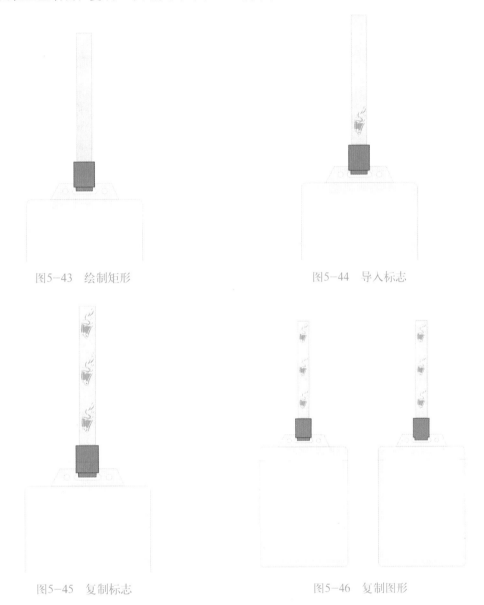

　　　　图5-43　绘制矩形　　　　　　　　　　　　图5-44　导入标志

　　　　图5-45　复制标志　　　　　　　　　　　　图5-46　复制图形

　　步骤 **07**　使用"贝塞尔工具"在左边白色矩形中绘制图形，使用"形状工具"进行调整图形边缘，填充颜色为 C64、M24、Y100、K0，无边框线，效果如图 5-47 所示。导入素材图尚果驿站标志，按住 Shift 键按比例缩小图形到适当的大小，移动到图形上方，效果如图 5-48 所示。

　　步骤 **08**　单击"文本工具"，字体为"黑体"，大小为 40，将文本更改为垂直方向，在页面中单击输入文字"工作证"，文字颜色为白色，效果如图 5-49 所示。使用"选择工具"，选中文字，单击"窗口"→"泊坞窗"→"属性"命令，在"对象属性"泊坞窗中设置文字的轮廓属性，如图 5-50 所示。同时选中圆角矩形和文字，在属性栏中单击"对齐与分布"按钮，对话框设置如图 5-51 所示。单击"应用"按钮，效果如图 5-52 所示。

图5-47 绘制图形

图5-48 导入标志

图5-49 输入文字

图5-50 "对象属性"泊坞窗

图5-51 "对齐与分布"对话框

图5-52 文字效果图

步骤 **09**　单击"椭圆工具"，在文字四周绘制椭圆底纹，颜色填充为C51、M18、Y84、K0，无边框线效果如图5-53所示。单击"文本工具"，字体为"宋体"，大小为8，将文本更改为水平方向，在页面中单击鼠标输入文字"一杯奶茶，一段邂逅，香浓奶茶，幼滑滋味，醇香口感，值得你再来一杯"标语，文字颜色为白色，效果如图5-54所示。

图5-53　绘制底纹

图5-54　输入标语

步骤 **10**　单击"贝塞尔工具"，在右边白色矩形中绘制图形，使用"形状工具"进行调整图形边缘，填充颜色为C64、M24、Y100、K0，无边框线，效果如图5-55所示，复制左边工作证上的椭圆底纹，移动到合适的位置，效果如图5-56所示。

图5-55　绘制图形

图5-56　绘制底纹

步骤 **11**　复制一个标志，移动到适当的位置，效果如图5-57所示。单击"矩形工具"，绘制一个高35mm、宽25mm的矩形，颜色填充为C0、M0、Y0、K10，边框色为C64、M24、Y100、K0，边框粗细为0.25，输入文字"照片"，效果如图5-58所示。

图5-57　添加标志

图5-58　绘制照片框

步骤 **12**　单击"文本工具"，字体为"黑体"，大小为17，将文本更改为水平方向，在页面中单击输入需要的文字，如图5-59所示。单击"手绘工具"，按住Ctrl键的同时绘制一条直线，颜色为黑色，再按住Ctrl键的同时垂直向下拖动直线，并在适当的位置上右击，复制直线，效果如图5-60所示。

图5-59　添加信息

图5-60　绘制直线

 小提示

使用"对齐与分布"按钮把文字与图形和标志进行居中对齐处理。

单击"文本工具"，字体为"黑体"，大小为48，在工作证下面输入文字，如图5-61所示。

正面 反面

图5-61 工作证最终效果图

任务三 灯箱的设计与制作

【任务目标】

掌握基本工具的使用方法和灯箱的制作步骤与技巧。

【任务描述】

通过壁挂式灯箱的设计与制作，进一步了解常用的手绘工具的使用方法与技巧，本任务主要练习"椭圆工具""矩形工具""裁剪工具"的用法。

灯箱效果如图 5-62 所示。

图5-62 任务三效果图

【任务实施】

步骤 **01** 单击"文件"→"新建"命令，打开"创建新文档"对话框，创建一个名称为"灯箱"、宽为70cm、高为70cm的空白文件，具体设置如图5-63所示。单击"椭圆工具" ○，按住 Ctrl 键的同时绘制一个 30×30cm 的正圆，轮廓线粗细为 7mm，颜色填充为白色，边框填充为黑色，效果如图5-64所示。

图5-63 创建新文档

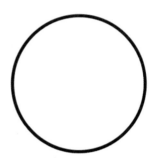

图5-64 绘制灯箱外框

步骤 **02** 选中圆形，在"转换"泊坞窗中设置大小，如5-65所示。进行复制圆形并缩小，轮廓线粗细为4mm，轮廓线颜色为C64、M24、Y100、K0。单击"渐变填充"工具 ■，在弹出的"渐变填充"对话框中选择类型为"辐射"，颜色调和为"双色"，"从"选项颜色为C0、M0、Y18、K0，"到"选项颜色为C0、M0、Y0、K0，其他参数如图5-66所示，填充后的效果如图5-67所示。

图5-65 "转换"泊坞窗

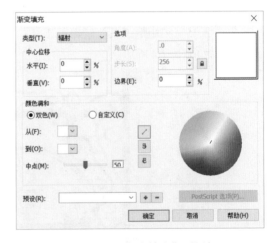

图5-66 "渐变填充"对话框

步骤 **03** 单击"贝塞尔工具"，在复制的圆形中绘制图形，使用"形状工具"进行调整图形边缘，填充颜色为C64、M24、Y100、K0，无轮廓线，效果如图5-68所示。导入素材图尚果驿站标志，按住Shift键拖动右上角的手柄，按比例缩小标志和文字到适当的大小，分别移动到圆形中，文字颜色改为白色，效果如图 5-69 所示。

步骤 **04** 选中内框圆形，使用快捷键 Ctrl+C 和 Ctrl+V 复制一个圆形，选中复制的圆形，按住 Shift 键拖动右上角的手柄，按比例缩小圆形，填充色为无，轮廓线粗细为 2.5mm，颜色不变，效果如图 5-70 所示。再单击"裁剪工具"❦，框选需要保留的部分，如图 5-71 所示，双击保留的区域，裁剪效果如图 5-72 所示。

图5-67 填充图形效果

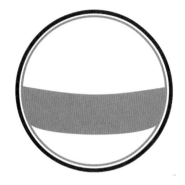

图5-68 绘制图形

图5-69 导入标志和品牌名称

图5-70 复制圆形

图5-71 框选裁剪区域

图5-72 裁剪后的效果图

步骤 **05** 选中剪切的图形，单击"文本工具"，字体为"黑体"、颜色为 C64、M24、Y100、K0，大小为 50，在路径上输入文字"一杯奶茶，一段邂逅"。在属性栏中调整位置，如图5-73所示，设置后的效果如图5-74所示。单击"椭圆工具"，按住Ctrl键绘制一个3×3cm的正圆，无轮廓线，颜色填充为C64、M24、Y100、K0，再复制两个圆形，移动到适当的位置，效果如图5-75所示。

(a) 左边文字的属性栏设置参数

(b) 右边文字的属性栏设置参数

图5-73　设置文本属性栏

图5-74　编辑文字效果图　　　　　　　　　图5-75　绘制正圆

步骤 **06**　导入食物简笔画素材图（见图5-76），单击"贝塞尔工具"，对需要的图形进行抠图，效果如图5-77所示，轮廓线颜色为白色，粗细为1.5mm。然后对每个图形进行群组，移动到三个小圆形中居中处理，效果如图5-78所示。

图5-76　食物简笔画素材　　　　图5-77　抠图效果　　　　图5-78　设置图标

步骤 **07**　单击"矩形工具"，绘制灯箱铁架，颜色填充为黑色，效果如图5-79所示。单击"贝塞尔工具"，绘制铁架的装饰图案，轮廓线颜色为黑色，粗细为6mm，效果如图5-80所示。

单击"椭圆工具",绘制装饰物,效果如图 5-81 所示。

图5-79 绘制灯箱铁架　　　　　　　　　　图5-80 绘制装饰物

图5-81 灯箱最终效果图

项 目 实 训

【项目实训一】天建电子科技有限公司 VI 设计

练习要点:使用矩形工具、渐变工具、椭圆工具、图框精确剪裁工具、文字工具等制作企业 VI,效果如图 5-82 所示。

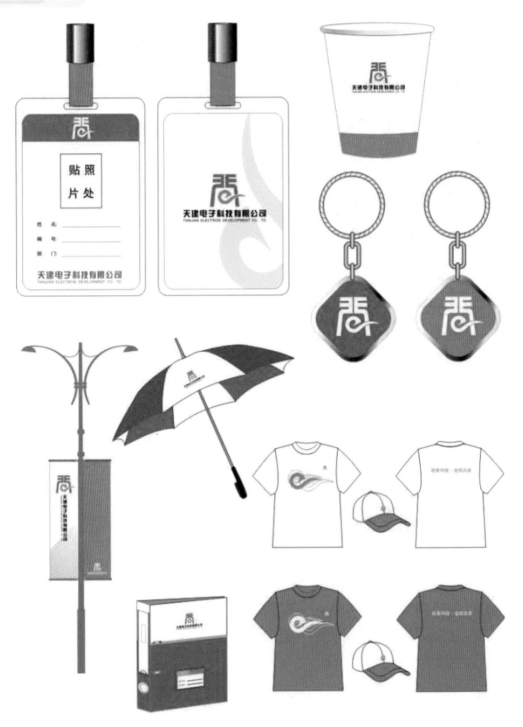

图5-82　实训一效果图

【项目实训二】文泰教育 VI 设计

　　练习要点：使用矩形工具、渐变工具、椭圆工具、贝塞尔工具、图框精确剪裁工具、钢笔工具、文字工具等制作企业 VI，效果如图 5-83 所示。

图5-83 实训二效果图

项 目 总 结

通过任务一~任务三的学习，让学生学习了标志、工作证、灯箱的制作方法与技巧，学习了一些基本的命令和工具的使用方法，掌握"矩形工具""形状工具""贝塞尔工具""艺术笔""手绘工具""调和工具""水平或垂直度量工具""对齐与分布工具"等的使用技巧。通过企业VI的设计与制作，提高学生的造形能力和色彩把控能力，培养学生的动手能力和创新创意思想。

项目六

包装设计与制作

项目描述

　　包装代表着一个商品的品牌形象。好的包装设计可以让商品在同类产品中脱颖而出，吸引消费者的注意力并引发其购买欲。好的包装设计可以起到美化商品及传达商品信息的作用，更可以极大地提高商品的价值。本项目使用 CorelDRAW X5 中的"形状工具""钢笔工具""贝塞尔工具"等来完成不同类别的包装造型设计，在教学过程中讲解包装的设计方法和制作技巧。

学习目标

　　知识目标：运用 CorelDRAW X5 的强大设计功能，学习各种包装的制作方法和技巧。

　　能力目标：利用"形状工具"和"绘图工具"等设计和制作包装。

重点与难点

　　重点：各种包装的制作方法和技巧。

　　难点：各种包装的设计技巧和操作步骤。

项目简介

　　任务一　双星电池泡罩式结构包装设计与制作

　　任务二　月饼盒包装设计与制作

　　任务三　茶叶包装设计与制作

更多惊喜

任务一 双星电池泡罩式结构包装设计与制作

【任务目标】

掌握基本工具的使用方法和泡罩式结构包装的制作步骤与技巧。

【任务描述】

通过矩形工具""渐变填充工具""透明度工具"等常用工具在泡罩式结构包装设计中的使用,训练学生泡罩式结构包装设计的理念和操作技巧。

双星电池泡罩式结构包装效果图如图6-1所示。

图6-1 任务一效果图

【任务实施】

步骤 **01** 单击"文件"→"新建"命令,创建一个名称为"泡罩式包装",大小为500mm×500mm的空白文件,具体设置如图6-2所示。

步骤 **02**　单击"矩形工具" ▭，在页面中绘制一个 230mm×320mm 的长方形，单击"圆角"按钮对长方形进行圆角处理，圆滑度设置为 15，然后在属性栏中单击 ⊙ 按钮，将它转换为曲线，效果如图 6-3 所示。

图6-2　创建新文档

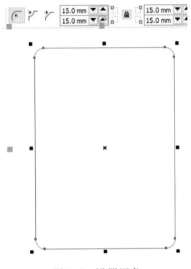

图6-3　设置圆角

步骤 **03**　单击"形状工具" ⬚，在图形底边中间位置单击，出现一个点，单击属性栏中的"添加结点"按钮添加结点，选中左下角的结点，移动结点如图 6-4 所示。在属性栏中单击"转换为曲线"按钮，拖动结点两端的控制手柄调整图形的形状，效果如图 6-5 所示。

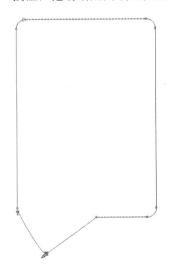

图6-4　添加、移动结点

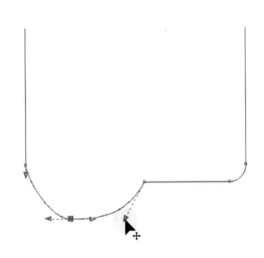

图6-5　调整图形的形状

　小提示

　　在调整图形形状时为了线条平滑，可以使用"平滑结点"按钮。

步骤 **04** 调整完成以后,单击"渐变填充工具",在弹出的"渐变填充"对话框中类型选择"线性",颜色调和选择"自定义"选项,颜色为黑色到绿色再到黄色的渐变,颜色参数为黑色（C0、M0、Y0、K100）、绿色（C100、M0、Y100、K0）、黄色（C0、M20、Y100、K0），其他参数如图6-6所示,设置完成后单击"确定"按钮,单击调色板中的⊠按钮,右击使图形轮廓线为无,效果如图6-7所示。

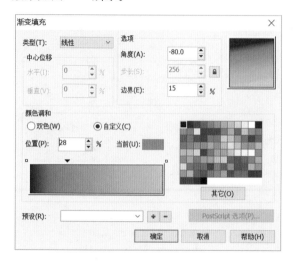

图6-6　"渐变填充"对话框　　　　　　　　　　　　　　　图6-7　渐变无轮廓效果

步骤 **05** 单击"矩形工具",在图形上方绘制一个矩形,圆角度设置为100。单击"椭圆工具",按住 Ctrl 键绘制一个正圆,然后同时选中矩形和正圆,在属性栏中单击"对齐与分布"按钮,对话框设置如图6-8所示,单击"应用"按钮,使两个图形进行对齐如图6-9所示,完成以后,制作挂钩位置的镂空效果,单击属性栏中的"合并"按钮⬚将他们合并,填充为白色（C0、M0、Y0、K0）,轮廓线为无,效果如图6-10所示。

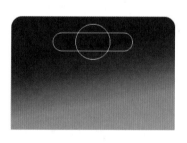

图6-8　"对齐与分布"对话框　　　　　图6-9　对齐效果　　　　图6-10　镂空效果

步骤 **06** 单击"钢笔工具",在页面中绘制一个封闭的图形,使用"形状工具"进行调整,颜色填充为白色（C0、M0、Y0、K0）,轮廓线为无,如图6-11所示。单击"标题形状工具",在属性栏的"完美形状"下拉列表中选择一个合适的形状,在页面中拖动鼠标绘制形状,填充颜色为白色,轮廓线为无,如图6-12所示。然后单击"变形工具",在属性栏中单击"推拉变形"按钮,将鼠标指针移动到图形上,向右拖动使其变形,效果如图6-13所示。

在绘制图形时，为了沿着其他图形边缘绘制，可以单击"视图"→"贴齐对象"命令。

图6-11 绘制封闭图形　　　图6-12 绘制形状　　　图6-13 推拉变形效果

步骤 **07** 单击"星形工具"，在页面中绘制一个五角星，颜色填充为黄色（C0、M20、Y100、K0），将五角星进行复制一次，上层的五角星进行缩小，同时选中两个五角星，进行居中对齐设置，在属性栏中单击"移除前面对象"按钮，制作镂空效果的五角星，把它移动到合适的位置，作为产品的标志，如图 6-14 所示。单击"文本工具"，字体为"华文琥珀"，大小为100，将文本更改为水平方向，在页面中单击输入文字"双星电池"，文字颜色为白色，移动到五角星右边，调整他们的位置和大小，效果如图 6-15 所示。同时选中五角星和文字，单击"阴影工具"，在文字上向下拖动鼠标为它们添加阴影效果，如图 6-16 所示。

图6-14 制作标志　　　　　　图6-15 添加产品名称

步骤 **08** 单击"文本工具"，在页面下方输入相应的文字"ISO9001:2000 国际质量体系认证企业，持久电力在双星"，字体为"黑体"，大小为33；再在左上方输入文字"2粒"，字体为"黑体"大小为80，并适当调整位置，如图6-17所示。包装背景图案制作完成后，为了方便以后的操作，选中所有图形按Ctrl+G组合键将它们进行组合。

图6-16　添加阴影效果　　　　　　　　　　　　图6-17　输入文字

步骤 **09**　单击"矩形工具"，绘制一个40mm×130mm的矩形，圆角度为10，在"渐变填充"对话框中设置渐变色，在"颜色调和"预设中选择"柱面－黄色"，完成后，再在矩形上面绘制一个13mm×3mm的小矩形，"渐变填充"对话框中，"颜色调和"预设选择"柱面－灰色"，设置两个矩形左右居中对齐，效果如图6-18所示。

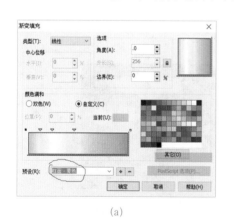

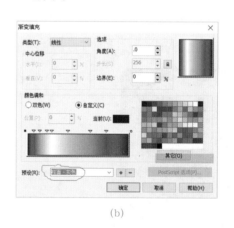

(a)　　　　　　　　　　　　　　　(b)　　　　　　　　　　　　　(c)

图6-18　绘制电池外形

步骤 **10**　单击"钢笔工具"，沿着电池边缘绘制图形，渐变颜色从左往右为（C0、M0、Y0、K20），（C0、M0、Y0、K0），（C0、M0、Y0、K60）；单击"文本工具"，输入文字"双星"，字体为"华文琥珀"，大小为72，然后选中整个电池图形，按Ctrl+G组合键将它们进行组合，效果如图6-19所示。

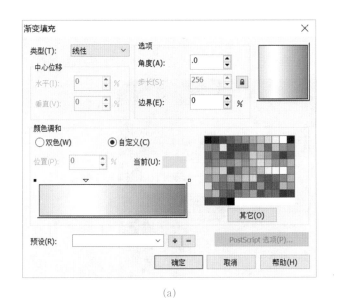

(a)   (b)

图6-19   绘制电池

步骤 **11**   使用"挑选工具"把电池移动到合适的位置，复制一个电池，进行水平对齐，如图6-20所示。单击"矩形工具"，绘制一个160mm×160mm的矩形，圆角度为10，填充为灰色（C0、M0、Y0、K30），轮廓线为无，再复制一个矩形，大小更改为140mm×140mm，同时选择两个矩形对齐居中，在属性栏中单击"移除前面对象"按钮，制作边框效果如图6-21所示。用"矩形工具"在边框上再绘制一个145mm×145mm的矩形，填充颜色为白色。单击"透明度工具"，将鼠标指针移动到白色矩形左边，从左往右拖动鼠标，制作透明效果，如图6-22所示。

图6-20   复制电池   图6-21   制作边框   图6-22   制作透明效果

步骤 **12**   单击"文本工具"，在包装的右上角输入文字"高能量"，字体为"黑体"大小为48 ，倾斜度为20度，颜色为黄色（C0、M20、Y100、K0）；包装的左下角输入文字"5号"，字体为"黑体"大小为48 ，颜色为黑色（C0、M0、Y0、K100)，双星电池泡罩式包装制作完成，效果如图6-23所示。

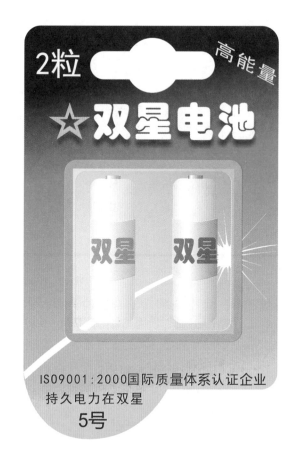

图6-23　完成效果图

任务二　月饼盒包装设计与制作

【任务目标】

　　利用"多边形工具""贝塞尔工具"、图框精确剪裁功能等绘制多边形包装，掌握基本工具的使用方法和包装的制作步骤与技巧。

【任务描述】

　　通过运用常见的绘图工具和"图框精确剪裁工具"绘制月饼包装盒的展开图和立体效果图，让学生通过本任务掌握六边形包装盒的设计方法和操作步骤。

　　月饼盒包装效果如图6-24所示。

图6-24 任务二效果图

【任务实施】

步骤 **01** 单击"文件"→"新建"命令，创建一个名称为"月饼包装盒"，大小为100cm×60cm 的空白文件，具体设置如图 6-25 所示。在"选项"对话框的"页面背景"选项中选择"纯色"单选按钮，颜色为 CMYK：0、0、0、70，效果如图 6-26 所示。

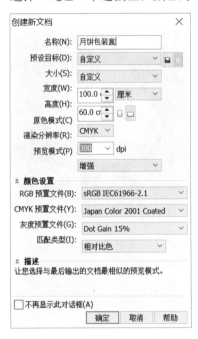

图6-25 创建新文档

图6-26 编辑页面背景色

步骤 **02** 先制作包装平面图，单击"多边形工具"，绘制一个白色（C0、M0、Y0、K0）、边长为 15cm 的正六边形，再用"矩形工具"沿着六边形的一个边，绘制一个长 15cm 宽6cm 的矩形，颜色为 C8、M100、Y100、K0，效果如图 6-27 所示。使用"挑选工具"选中矩形，双击图形，使其处于旋转状态，将旋转中心向下拖移到六边形的中心位置，如图 6-28 所示；然后在页面"转换"泊坞窗中单击"旋转"按钮，设置旋转角度为 60，副本为 5，其他默认，单击"应用"按钮，效果如图6-29所示。

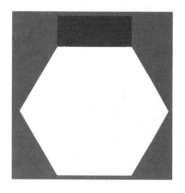

图6-27 绘制图形

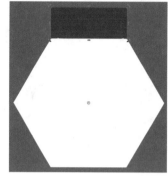

图6-28 移动旋转中心点

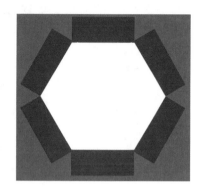

图6-29 旋转并复制

步骤 **03** 使用"贝塞尔工具"在矩形边上绘制图形，颜色为C0、M0、Y0、K20，如图6-30所示，选中图形，在"转换"泊坞窗中单击"缩放和镜像"按钮，单击"水平镜像"按钮，副本为1，其他默认，单击"应用"按钮，调整位置，如图6-31所示。同时选中这两个图形，用步骤2的相同方法进行旋转复制，移动旋转中心点到六边形的中心位置，然后在"转换"泊坞窗中单击"旋转"按钮，设置旋转角度为120，副本为2，其他默认，单击"应用"按钮，效果如图6-32所示。

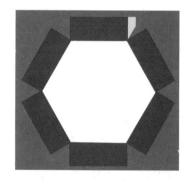

图6-30 绘制图形

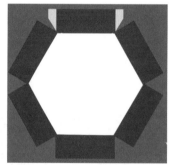

图6-31 使用水平镜像工具

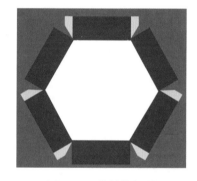

图6-32 旋转并复制

步骤 **04** 使用"贝塞尔工具"在包装盒的正面绘制图形和线条，图形颜色为C8、M100、Y100、K0，线条颜色为C0、M20、Y100、K0，粗细为2mm，如图6-33所示。

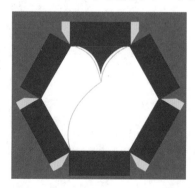

图6-33 使用"贝塞尔工具"绘制图形

步骤 **05**　单击"文件"→"导入"命令，导入素材图，如图 6-34 所示。右击图形，选择"快速描摹"命令，描摹完成后取消群组，删除原文件和不需要的部分，将其拖动到适当的位置，调整方向，效果如图 6-35 所示。

图6-34　牡丹素材　　　　　　　　　　　　　图6-35　快速描摹

步骤 **06**　选中牡丹图案，单击"效果"→"图框精确剪裁"→"放置在容器中"命令，鼠标的光标变为黑色箭头形状，在六边形上单击，如图 6-36 所示。将牡丹花素材置入到六边形中，效果如图 6-37 所示。

图6-36　图框精确剪裁　　　　　　　　　　　图6-37　置入图片

步骤 **07**　用步骤 5 的方法"导入"素材图，如图 6-38 所示，再用步骤 6 的方法把图片置入六边形，效果如图 6-39 所示。

图6-38　黄色牡丹素材　　　　　　　　　　　图6-39　置入图片

步骤 **08** 　单击"文本工具"，字体为"方正黄草简体"，大小为40，将文本更改为垂直方向，在页面中单击，输入文字"中秋佳节中秋月，月圆事圆人团圆"，文字颜色为黑色，效果如图6-40所示。再单击"文本工具"，字体为"方正康体简体"，大小为65，将文本更改为垂直方向，在页面中单击，输入品牌名称"鸿韵轩"，文字颜色为黑色，效果如图6-41所示。

图6-40　输入诗句

图6-41　输入品牌名称

步骤 **09** 　制作印章，单击"文本工具"，输入文字"月饼"，字体为"华文隶书"，大小为25，将文本更改为垂直方向，文字颜色为白色。单击"手绘工具"，沿着文字进行描边，如图6-42所示，颜色填充为C8、M100、Y100、K0，调整文字与红色块的顺序，效果如图6-43所示。把做好的印章移动到诗句的下面，效果如图6-44所示。

图6-42　描边

图6-43　填充颜色

图6-44　完成印章制作

步骤 **10** 　导入标志，如图6-45所示。复制两个标志移动到相应的位置，包装平面图，完成效果如图6-46所示。

图6-45　导入标志

图6-46　包装平面图效果

步骤 **11**　绘制包装立体效果图，复制包装平面图的正面部分并进行群组，如图6-47所示，双击图片，使其处于旋转状态，向上拉动右边的箭头 ![up-down arrow]，使图片向上倾斜，如图6-48所示。

图6-47　复制图片

图6-48　倾斜图片

步骤 **12**　单击"贝塞尔工具" ![icon]，绘制包装的侧面（C44、M100、Y100、K16）和顶面（C2、M89、Y67、K0），在勾画时要注意他们的透视关系，效果如图6-49所示。导入标志，向下压缩使标志变扁，然后移动到包装侧面位置，效果如图6-50所示。

图6-49　绘制图形

图6-50　添加标志

步骤 **13**　群组整个立体包装，单击"阴影工具"，在包装下面拖动鼠标绘制阴影，如图6-51所示，完成月饼盒包装的效果图，如图6-52所示。

图6-51　绘制阴影

图6-52　月饼盒包装的效果图

任务三　茶叶包装设计与制作

【任务目标】

掌握基本工具的使用方法和茶叶立体包装效果图的制作步骤与技巧。

【任务描述】

通过运用常见的绘图工具和"图框精确剪裁工具""标题形状工具""透明度工具"绘制茶叶包装盒的立体效果图，让学生通过本任务掌握茶叶包装盒的设计方法和操作步骤。

茶叶包装效果图如图6-53所示。

图6-53　任务三效果图

【任务实施】

步骤 01 单击"文件"→"新建"命令，创建一个名称为"茶叶包装"，大小为300mm×200mm的空白文件，具体设置如图6-54所示。使用"矩形工具"绘制一个与页面相同大小的矩形。单击"渐变填充"工具，在弹出的"渐变填充"对话框中，类型选择"辐射"，颜色调和选择"双色"，"从"选项颜色为黑色（C0、M0、Y0、K100），"到"选项颜色为白色（C0、M0、Y0、K0），其他选项的设置如图6-55所示，单击"确定"按钮，填充矩形，效果如图6-56所示。

步骤 02 使用"矩形工具"绘制一个宽130mm高70mm的矩形。单击"底纹填充"工具，在弹出的"底纹填充"对话框中，底纹库为"样本6"，底纹列表选择"包装纸"，"纸"和"第1纤维质"的颜色为（C33、M0、Y66、K0）、"第2纤维质"选项颜色为（C20、M2、Y58、

K0)，其他设置参数如图6-57所示，单击"确定"按钮，填充图形，并去除图形的轮廓线，效果如图6-58所示。

图6-54　创建新文档

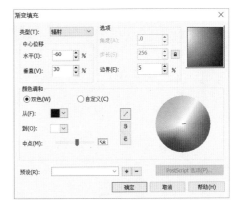

图6-55　"渐变填充"对话框

图6-56　填充图形

图6-57　"底纹填充"对话框

步骤 **03**　单击"椭圆工具"，绘制一个椭圆形，如图6-59所示。单击"渐变填充"工具，在弹出的"渐变填充"对话框中，类型选择"线性"，颜色调和选择"双色"，"从"选项颜色为（C61、M6、Y100、K0），"到"选项颜色为（C0、M0、Y60、K0），其他选项设置如图6-60所示，单击"确定"按钮，填充椭圆形，并去除图形的轮廓线，效果如图6-61所示。

图6-58　填充图形

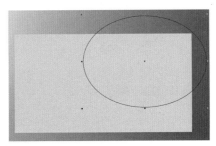

图6-59　绘制椭圆

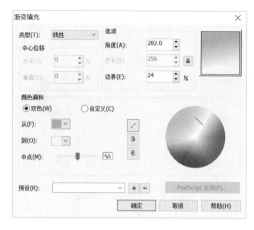

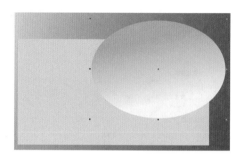

图6-60 "渐变填充"对话框

图6-61 填充椭圆

步骤 04 导入素材图，如图 6-62 所示，将图片缩小。单击"椭圆工具" ◯，在页面中绘制一个与前一个大小一样的椭圆，如图 6-63 所示。

图6-62 导入素材"茶园"

图6-63 绘制椭圆形

步骤 05 选中图片"茶园"，单击"效果"→"图框精确剪裁"→"放置在容器中"命令，光标变为黑色箭头形状，在椭圆形上单击，如图 6-64 所示。将图片置入到椭圆形中，在"调色板"中的"无填充"按钮⊠上右击，去除图形的轮廓线，调整两个椭圆形位置，效果如图 6-65 所示。

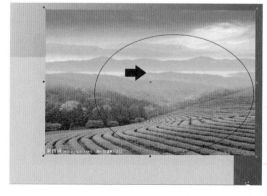

图6-64 图框精确剪裁

图6-65 置入图片

步骤 **06**　同时选中两个椭圆形，单击"效果"→"图框精确剪裁"→"放置在容器中"命令，光标变为黑色箭头形状，在矩形上单击，如图 6-66 所示，将图片置入到矩形中，效果如图 6-67 所示。

图6-66　图框精确剪裁

图6-67　置入图片

步骤 **07**　导入素材图"茶杯茶壶"，如图 6-68 所示。将图形缩小，移动到合适的位置，效果如图 6-69 所示。

图6-68　"茶杯茶壶"素材

图6-69　布置图形

步骤 **08**　单击"文本工具"，输入文字"普洱茶"，字体为"隶书"，大小为 30，将文本更改为垂直方向，文字颜色为 C95、M51、Y100、K17，效果如图 6-70 所示。单击"椭圆工具"，在页面中绘制一个正圆，设置填充色为 C38、M100、Y98、K3，填充图形，去除轮廓线，效果如图 6-71 所示。复制红色图形，拖动到适当的位置，并调整其大小，效果如图 6-72 所示。

图6-70　输入文字

图6-71　绘制正圆

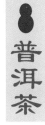

图6-72　复制图形

步骤 **09**　单击"文本工具"，输入文字"龙井"，字体为"隶书"，大小为 14，将文本更改为垂直方向，文字颜色填充为白色，效果如图6-73所示。选取文字"龙"，文字大小改为11，效果如图6-74所示。用相同的方法输入其他需要的文字，效果如图6-75所示。

图6-73　输入文字

图6-74　编辑文字

图6-75　输入其他文字

步骤 **10**　单击"标题形状"，在页面中拖出形状，设置填充色为C18、M0、Y44、K0，轮廓线颜色为C95、M51、Y100、K17，轮廓线宽度为0.25mm，效果如图6-76所示。单击"文本工具"，输入文字"千年古树，越陈越香"，字体为"隶书"，大小为9，将文本更改为"水平方向"，文字颜色填充为黑色，效果如图6-77所示。

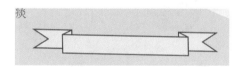

图6-76　绘制"标题形状"

图6-77　输入文字

步骤 **11**　选中包装正面的所有图形，右击，选择"群组"命令，效果如图6-78所示。双击图片，使其处于旋转状态，向下拉动右边的箭头 ↕，使图形向下倾斜，缩小图形的宽度，效果如图6-79所示。

图6-78　群组图形

图6-79　图形向下倾斜

步骤 **12**　单击"贝塞尔工具"，绘制立体包装的另外两个面，在勾画时要注意他们的透视关系，效果如图6-80所示。选中顶面，单击"渐变填充工具"，在弹出的"渐变填充"对话框中，类型选择"线性"，颜色调和选择"双色"，"从"选项颜色为C93、M56、Y100、K35，"到"选项颜色为C69、M0、Y82、K0，其他选项设置如图6-81所示，去掉轮廓线填充图形。再选中侧面，填充渐变色，"渐变填充"对话框类型选择"线性"，颜色调和选择"双色"，"从"选项颜色为C69、M0、Y82、K0，"到"选项颜色为C93、M56、Y100、K35，其他选项设置如图6-82所示，去掉轮廓线，填充图形，效果如图6-83所示。

图6-80　绘制图形

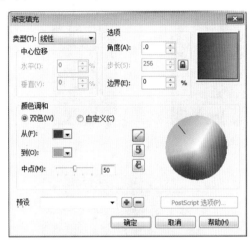

图6-81　"渐变填充"对话框

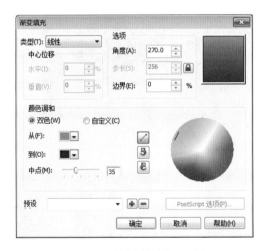

图6-82　"渐变填充"对话框

图6-83　渐变填充效果图

步骤 ⑬　复制包装正面上的文字，移动到包装侧面，如图6-84所示。改变文字"普洱茶"和"传统工艺"的颜色为白色，再选中所有复制的文字调整他们的大小与位置，双击，使其处于旋转状态，向上拉动右边的箭头，使文字向上倾斜，选中侧面进行群组，效果如图6-85所示。完成后的包装立体效果图如图6-86所示。

步骤 ⑭　选中包装正面和侧面，进行复制，选中复制的图形，利用鼠标进行上下翻转，如图6-87所示。再分别选中正面和侧面，用前面讲过的方法向上倾斜，效果如图6-88所示。

步骤 ⑮　选中复制的正面图形，取消全部群组，再选中背景，右击，选择"提取内容"命令，释放图片，效果如图6-89所示。删除两个椭圆后再进行群组，单击"透明度工具"，在图片上向下拖动鼠标，制作投影效果，如图 6-90 所示，包装侧面使用同样的方法制作投影效果，如图 6-91 所示。

图6-84　复制文字　　图6-85　编辑文字　　　　　　　　图6-86　立体效果图

图6-87　复制图形进行上下翻转　　　　　　　　图6-88　调整图形

图6-89　释放图片　　　　　　图6-90　制作正面投影　　　　　　图6-91　制作侧面投影

 小提示

经过"图框精确剪裁"后的图片，不能使用"透明度工具"，必须先"提取内容"释放图片。

步骤 **16** 选中整个包装盒和投影进行群组，再进行复制，移动到适当的位置，效果如图 6-92 所示。

图6-92 完成效果图

项 目 实 训

【项目实训一】奶茶包装设计与制作

练习要点：使用"矩形工具""渐变工具""椭圆工具""钢笔工具"、图框精确剪裁功能、"文字工具"等制作包装盒，效果如图 6-93 所示。

图6-93 实训一效果图

【项目实训二】白酒包装设计与制作

练习要点：使用"矩形工具""渐变工具""椭圆工具""贝塞尔工具"、图框精确剪裁功能、"文字工具"等制作包装盒，效果如图6-94所示。

图6-94　实训二效果图

项 目 总 结

通过任务一至任务三的学习，让学生全面学习了不同包装的设计方法与技巧，熟练掌握了"形状工具""渐变工具""多边形工具""贝塞尔工具"、图框精确剪裁功能、"手绘工具""阴影工具""底纹填充工具""标题形状工具"等的技巧。通过三种包装的设计与制作，提高学生的构图水平和色彩把控能力，培养学生的动手能力和创新创意思想。通过两个实训"奶茶包装"和"白酒包装"的制作，让学生深刻了解了运用corelDRAW X5的强大设计功能，掌握矢量图的设计技巧和在印刷中的重要作用。

封面设计与制作

 项目描述

　　学生通过前六个项目的学习，已经累积了对 CorelDRAW X5 软件的大量操作，对 CoreldRAW X5 有了比较深刻的认知，但知识还需要得到总结、提炼、应用和提高。本项目旨在加深学生对之前所学知识的印象，巩固对 CorelDRAW X5 软件的操作。

学习目标

　　知识目标：学习绘制各种图形，填充色组，透明工具，以及菜单中各项命令的使用。

　　能力目标：本项目要求掌握渐变填充、透明度的调节方法以及各种图形的绘制方法，并且能够在具体的设计制作中正确熟练地运用。

重点与难点

　　重点：透明度工具及常用绘图工具。

　　难点：灵活掌握和运用绘图工具进行商业案例设计。

项目简介

　　任务一　中国风书籍封面

　　任务二　时尚折页

　　任务三　时尚杂志封面

更 多 惊 喜

任务一　中国风书籍封面

【任务目标】

- 掌握"贝塞尔工具""形状工具""透明工具"等的使用技巧。
- 会使用"文件"菜单导入位图、导出位图。

【任务描述】

通过中国风书籍封面的设计与制作，学习位图的导入技巧和一些非常有用的编辑位图的方法。本任务主要学习"导入"命令、"贝塞尔工具""阴影"命令和"透视"命令等的用法。

中国风书籍封面如图 7-1 和图 7-2 所示。

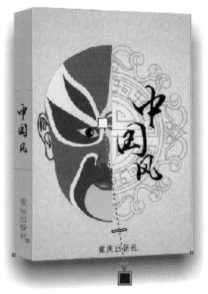

图7-1　书籍效果图　　　　　　　　　　　　图7-2　书籍封面效果图2

【任务实施】

步骤 **01**　单击"文件"→"新建"命令，创建新文档，设置"宽度"为 316 mm，"高度"为 216 mm，原色模式为 CMYK，如图 7-3 所示。

步骤 **02**　单击"视图"→"显示"→"出血"命令，文档四周会出现虚线，此虚线为出血线，如图 7-4 所示。

图7-3 创建新文档

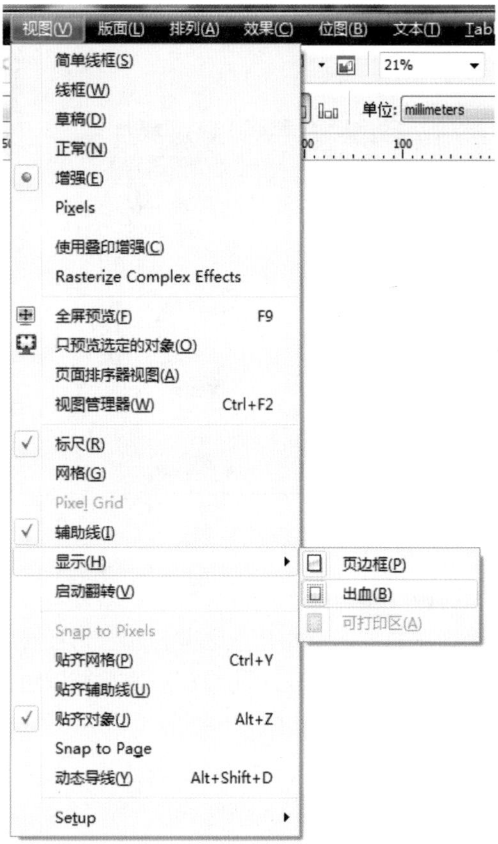

图7-4 单击"出血"命令

步骤 **03** 将指针移至标尺处并向右拖动，在页面中拖动相应的两条辅助线，分别为174mm、194mm，效果如图 7-5 所示。

图7-5 绘制辅助线

步骤 **04** 单击"矩形工具"，沿着辅助线绘制两个矩形框，中间竖线绘制一个小的矩形。单击"渐变填充工具"，对其进行颜色的射线类型渐变，渐变色为（0,40,60,20），（0，3,18,

0），参数设置如图7-6所示，效果如图7-7所示。

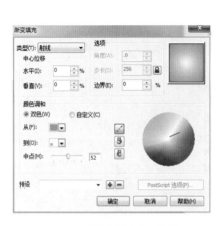

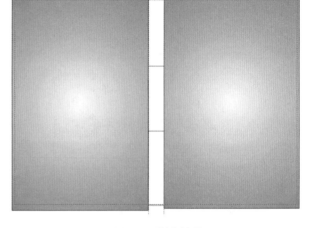

图7-6　"渐变填充"对话框　　　　　　　　　　　　　　　　图7-7　渐变效果

步骤 **05**　单击"文件"→"导入"命令，将配套的"素材1"导入到页面中，复制一份分别平铺在左右两个矩形上，并使用"透明度工具"使导入的图片透明度降低，与渐变色矩形融合在一起。在页面正中间的矩形中填充颜色，颜色为0、0、40、40，参数设置如图7-8所示，效果如图7-9所示。

图7-8　"透明度工具"属性栏设置

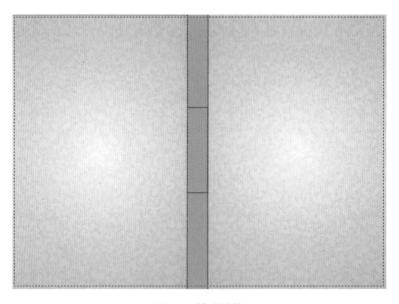

图7-9　填充效果

步骤 **06**　使用"椭圆工具"在文档的空白部分绘制一个椭圆形，如图7-10所示，使用"挑选工具"右击椭圆形，选择"转换为曲线"命令，将椭圆转换为曲线，使用"形状工具"调整图片形状，效果如图 7-11 所示。

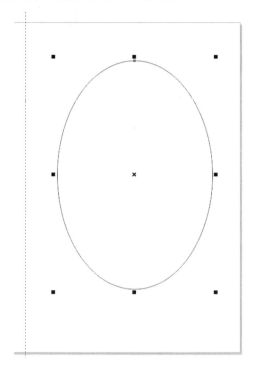

图7-10　绘制椭圆

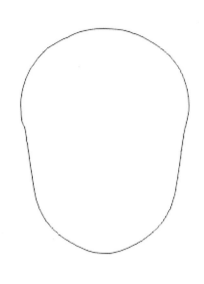

图7-11　调整形状

步骤 **07**　选择图形，使用右侧"填充工具"为图形填充颜色，颜色为（0，100，100，0），效果如图 7-12 所示。

步骤 **08**　使用"贝塞尔工具"绘制脸谱的眼睛部分，依次画出眉毛、眼部轮廓。继续利用"填充"命令为眼睛填充颜色，眼睛的眼白部分使用"渐变填充工具"填充颜色为（39，36，6，0）（0，0，0，0，）（0，0，0，0）（35，31，13，0），填充好后使用"椭圆工具"在眼部绘制一个圆形，制作出眼球。轮廓如图 7-13 所示，填充效果如图 7-14 所示，眼球效果如图 7-15 所示。

图7-12　填充效果

图7-13　绘制眉毛和眼部轮廓

 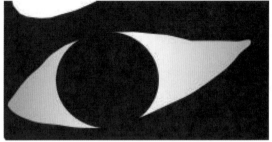

图7-14　填充颜色　　　　　　　　　　　　　　图7-15　眼球效果

步骤 **09**　选择眼球，单击"交互式网状填充工具，效果如图7-16所示。在眼球中线条部分双击增加线条与结点，如图7-17所示。选择高光所在位置的点，在属性栏改变该点的颜色，效果如图7-18所示。

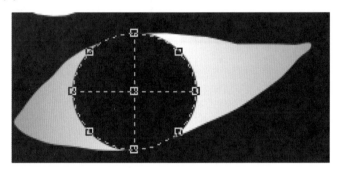

图7-16　单击"交互式网状填充工具"后的效果

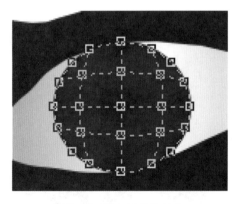 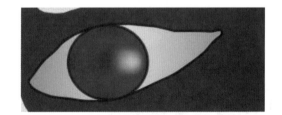

图7-17　增加线条和结点　　　　　　　　　　图7-18　高光效果

步骤 **10**　利用"贝塞尔工具"绘制脸谱的鼻子线条，并填充颜色，再使用"椭圆工具"在鼻子中间绘制两个圆圈，如图7-19所示，一个填充色为（0,100,100,0），一个无填充色但描边为白色。效果如图7-20所示，然后将鼻子放置在眼睛部分的下方。

图7-19　绘制鼻子线条　　　　　　　　　　　　　　图7-20　填充颜色

步骤 **11**　继续使用"贝塞尔工具"绘制下颚，如图 7-21 所示，并填充颜色为（0,0,0,0）（100,100,100,100）（1,22,42,0）（0,100,100,0），使用"交互式网状填充工具"为嘴唇添加高光如图 7-22 所示，完整的脸谱如图 7-23 所示。

步骤 **12**　导入素材，并将素材调整在合适的位置，再利用"文字工具"分别输入"中国风"，改变位置并调整字体为"段宁毛笔行书"，字体大小分别为150pt、120pt、100pt，给文字添加金色描边，描边大小为0.2，对文字与图片进行一定的调整后放入右侧的矩形中，如图 7-24 所示。

步骤 **13**　利用"矩形工具"绘制一个矩形框，如图 7-25 所示。选择脸谱，单击"效果"→"图形精确剪裁"→"放置在容器中"命令，如图 7-26 所示。将图片置入矩形中，然后右击矩形，选择"编辑内容"命令，将脸谱放置在合适的位置，如图 7-27 所示。编辑好后右击，选择"结束编辑"命令，如图 7-28 所示，再将脸谱放置在合适的位置，如图 7-29 所示。

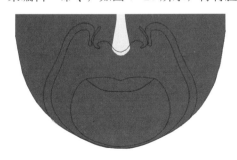

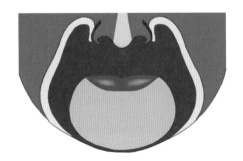

图7-21　绘制下颚线条　　　　　　　　　　　　　　图7-22　填充颜色

图7-23　完整的脸谱效果

图7-24　描边文字

图7-25　绘制矩形

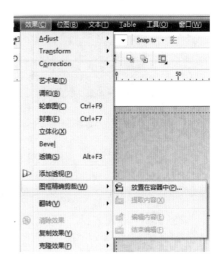

图7-26　单击"放置在容器中"命令

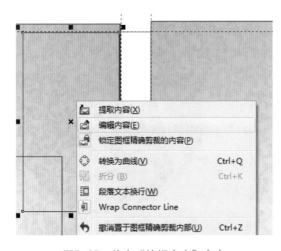

图7-27　单击"编辑内容"命令

图7-28　选择"结束编辑"命令

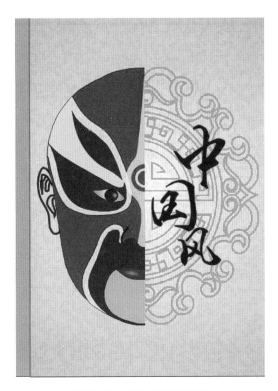

图7-29 放置在合适位置

步骤 **14** 利用前面的步骤继续在左侧复制两个脸谱，如图 7-30 所示。

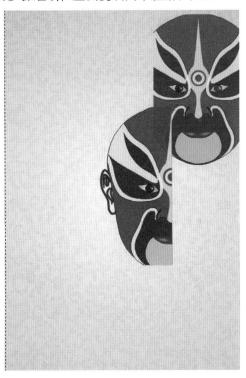

图7-30 复制脸谱

步骤 **15**　在文档中添加文字，如图 7-31 所示。

图7-31　添加文字

步骤 **16**　为图形添加二维码，单击"编辑"→"添加条形码"命令，并移动到合适的位置，效果如图 7-32 所示。

图7-32　添加条形码

步骤 **17**　完成平面整体效果如图 7-33 所示。

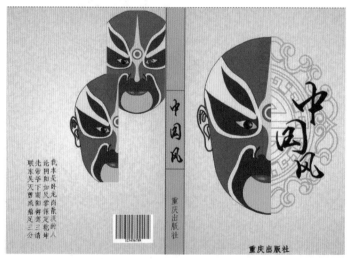

图7-33　完整平面图

步骤 **18** 导入素材，分别为两个素材制作透视效果，参数设置如图 7-34 所示，效果如图 7-35 所示。

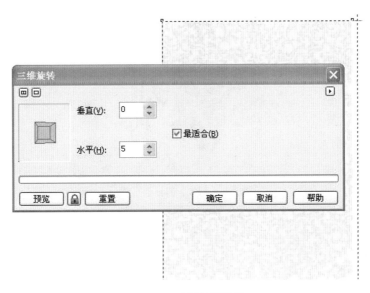

图7-34 透视效果设置

步骤 **19** 利用左侧"刻刀工具"将白边剪裁掉，如图 7-36 所示。

图7-35 透视效果   图7-36 剪切白边

步骤 **20** 将书合并在一起，利用"挑选工具"将两个素材组合在一起，使用"阴影工具"为其绘制阴影。单击"排列"→"拆分阴影群组于图层 1"命令。对阴影进行变形，完成后保存。

步骤 **21** 最终效果图如图 7-37 所示。

图7-37 最终效果

任务二 时尚折页

【任务目标】

本任务主要学习"矩形工具""形状工具"及"置于图文框内部"命令的应用。

【任务描述】

本任务主要使用"矩形工具""文本工具""形状工具"等制作出个性潮流的时尚折页画册。通过对本项目的设计与制作，训练学生的设计理念和操作技巧。

时尚折页效果如图 7-38 所示。

图7-38 时尚折页效果图

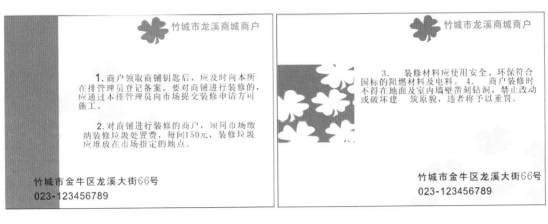

图7-38　时尚折页效果图（续）

【任务实施】

步骤 **01**　单击"文件"→"新建"命令，在弹出的"创建新文档"对话框中设置纸张大小为A4，单击"确定"按钮，参数设置如图7-39所示。

步骤 **02**　单击"矩形工具"，在页面中绘制一个矩形框，设置宽度为100mm，高度为70mm，填充为白色。然后复制一份，设置宽度为20mm，高度为70mm，填充为绿色（C100、M0、Y100、K0），如图7-40所示。设置轮廓为无，并放在原图的左侧，效果如图7-41所示。

图7-39　创建新文档　　　　　　　　　　图7-40　填充颜色设置

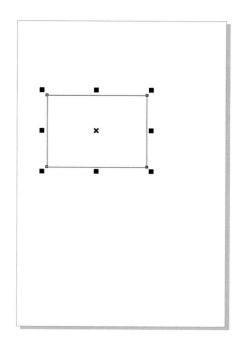

图7-41　完成效果

步骤 **03**　将素材8.png导入到页面中。选中图片，单击"位图"→"描摹位图"→"线条图"
命令，将图片填充为绿色（C100、M0、Y100、K0），放置在白色矩形中，调整到合适的大小
和位置。然后单击"文本工具"，输入企业的名称，设置字体为微软雅黑Light，字号为10，并
填充为绿色（C100、M0、Y100、K0），效果如图7-42所示。

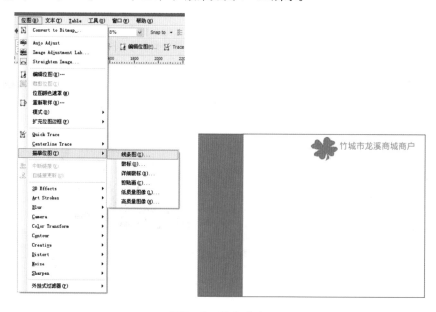

图7-42　输入文字

步骤 **04**　单击"文本工具"输入"商户须知"，设置字体为微软雅黑粗体，字号为16pt，

颜色填充为绿色（C100、M0、Y100、K0）。单击"形状工具"，修改文字间距，并放在企业名称下方，如图 7-43 所示。

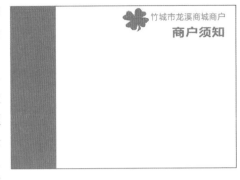

步骤 **05**　完善封面，选中四叶草标志并复制一份，填充为深褐色（C0、M20、Y20、K60），调整大小后将其放置在矩形左侧，其中一部分图形在绿色矩形上，如图 7-44 所示。按住 Shift 键将矩形和图形全部选中，单击属性栏中的"相交"按钮，完成相交效果。然后将深褐色标志向后一层排列，并选中在绿色矩形上相交的图形，填充为白色，如图 7-45 所示。

图8-43　输入文字

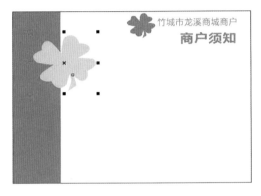

图7-44　复制并调整图形

图7-45　相交图形

步骤 **06**　将导入的素材选中，填充为浅灰（C0、M0、Y0、K10），并复制几份，调整大小和位置并群组。单击"效果"→"图框精确剪裁"→"放置在容器中"命令，将图形放置在矩形内部。单击"效果"→"图框精确剪裁"→"编辑内容"命令，编辑图形，调整大小和位置。单击"效果"→"图框精确剪裁"→"结束编辑"命令，结束编辑。完成封面的设计，效果如图 7-46 所示。

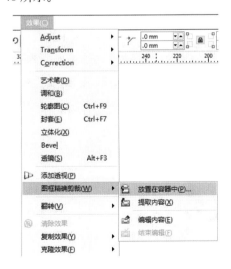

图7-46　完成封面的设计

步骤 **07** 将封面图形选中，复制两份并相互并列排放，将不需要的文字与图形删除，效果如图 7-47 所示。添加文字，单击"文本工具"，输入公司地址与电话，字体黑体，字号 10pt，并复制一份，放在合适的位置，将群组过的图片再复制两份，单击"效果"→"图框精确剪裁"→"放置在容器中"命令，放置在左侧的矩形中，结束编辑，效果如图 7-48 所示。

图7-47 复制封面

图7-48 输入文字

步骤 **08** 单击"矩形工具"，绘制一个宽度为 33mm、高度为 33mm 的矩形，填充为绿色（C100、M0、Y100、K0），轮廓无。将复制的对象放在矩形上面合适的位置，将对象和矩形全部选中，单击属性栏中的"后减前"按钮，完成修剪效果，如图 7-49 所示。将修剪后的图形放在页面中，调整大小和位置，效果如图 7-50 所示。

图7-49 修剪效果

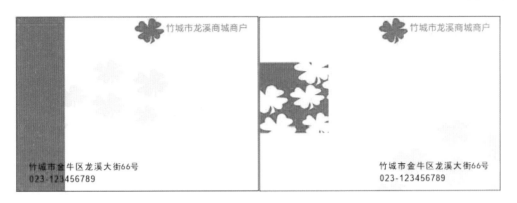

图7-50 调整后的效果

步骤 **09** 单击"文本工具",输入其他文字,调整相应的字体和大小,摆放在合适的位置,完成画册的最终设计,效果如图 7-51 所示。

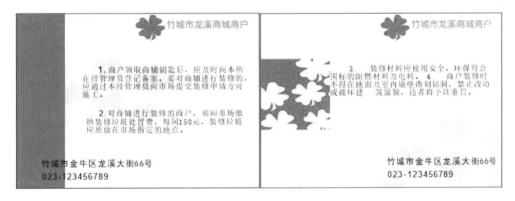

图7-51 最终效果

任务三 时尚杂志封面

【任务目标】

- 掌握工具组的使用。
- 重点掌握"文本工具""形状工具"的使用方法。
- 进一步熟练使用"形状工具"进行抠图的技巧。
- 通过学习,提高学生的设计能力,其中包括构图、色彩的把握、文字的设计、图形的设计等能力。

【任务描述】

本任务主要是加强对 CorelDRAW X5 常用工具组的调用方法,训练学生的设计理念和操作技巧。

时尚杂志封面如图 7-52 所示。

图7-52 时尚杂志封面效果图

【任务实施】

步骤 **01** 单击"文件"—"新建"命令，在弹出的"创建新文档"对话框中设置纸张大小为 A4，如图 7-53 所示，设置完成后单击"确定"按钮。

步骤 **02** 单击"矩形工具"，在页面中绘制一个矩形框，设置宽度为 210mm，高度为 297mm，如图 7-54 所示。

图7-53 "创建新文档"对话框

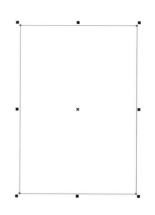

图7-54 绘制矩形

步骤 **03** 单击"排列"→"对齐和分布"→"对齐和分布"命令,弹出"对齐与分布"对话框。在对话框中选择"对齐"选项卡,并将"对齐对象到"选项设置为"页边",选择"中"和"上"复选框,如图 7-55 所示,单击"应用"按钮,效果如图 7-56 所示。

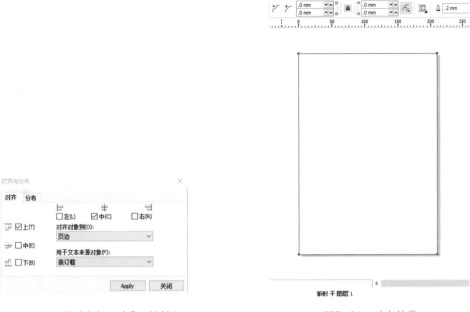

图7-55 "对齐与分布"对话框　　　　　图7-56 对齐效果

步骤 **04** 选择"填充工具"中的"颜色"工具,打开"颜色"泊坞窗,设置模型为CMYK,颜色值为 C0、M27、Y9、K0,如图 7-57 所示。单击"填充"按钮,效果如图 7-58 所示。

图7-57 设置颜色

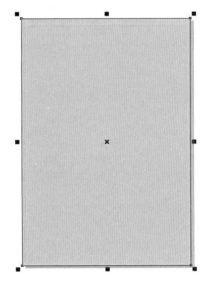

图7-58 填充效果

步骤 **05** 单击"文字工具",在属性栏中设置合适的字体,大小和颜色,在画面中输入相应的文字,如图 7-59 所示,将文字复制一份,单击"垂直镜像"按钮。然后单击"透明度工具",

调整透明度类型为"标准"，透明度操作正常，"开始透明度"为 70，效果如图 7-60 所示。

步骤 **06** 单击"文件"→"导入"命令，将素材导入页面中，并调整合适的大小，效果如图 7-61 所示。

图7-59　输入文字　　　　　　　图7-60　透明效果　　　　　　图7-61　导入素材

步骤 **07** 添加文字"时尚"并进行设置，选择字体为微软雅黑，字号 80pt，黑色（见图 7-62）。选中时尚右击转化为曲线，单击"矩形工具"，沿时尚周围绘制一个矩形，轮廓设置为无，填充为白色，选择顺序向后一层，如图 7-63 所示。继续添加文字，选择合适的字体字号和颜色，效果如图 7-64 所示。

图7-62　添加文字　　　　　　　　　　　　　图7-63　添加边框

图7-64　添加其他文字

步骤 **08** 选中"艺术"两个字，转化为曲线并调整它的大小，使用"形状"工具调整字体，如图 7-65 所示。再使用"钢笔工具"沿字体外围描边，填充为白色，置于字体后面一层，效果如图 7-66 所示。

图7-65　调整字体　　　　　　　　　　　　　　图7-66　添加外围描边

步骤 **09** 选中页面下方的文字，复制两份，分别填充为（C0、M27、Y9、K0）和黑色，向右调整它们的位置，如图 7-67 所示。

Fashion
is a kind of aesthetic view
Brother is a punk you satisfied

Fashion
is a kind of aesthetic view
Brother is a punk you satisfied

Fashion
is a kind of aesthetic view
Brother is a punk you satisfied

图7-67　调整文字

步骤 **10** 最后进行细微的调整，完成最终效果，如图 7-68 所示。

图7-68　最终效果

项 目 实 训

【项目实训一】《旅客》杂志封面设计

搜集类似的素材，构图和色彩也根据自己的喜爱和设计理念自行设计，题材不变。效果如图 7-69 所示。

图7-69　实训一效果图

【项目实训二】杂志内页设计

搜集类似的素材，构图和色彩也根据自己的喜爱和设计理念自行设计，题材不变。效果如图 7-70 所示。

图7-70 实训二效果图

项 目 总 结

通过任务一至任务三的学习，让学生综合应用 CorelDraw X5 软件进行位图处理、矢量图绘制和编辑技巧进行案例设计。深入了解和掌握一些基本的命令，如"贝塞尔""形状""渐变填充""交互式填充""转换为曲线""描摹位图""造型""图形精确剪裁"等。通过三个任务的设计与制作，提高学生的构图水平和色彩把控能力，培养学生的动手能力和创新创意思想。

通过两个实训"旅客杂志封面设计"和"杂志内页设计"的制作，让学生深刻了解 CorelDraw X5 的强大设计功能，掌握矢量图的设计技巧及其在印刷中的重要作用。

项目八

卡通形象设计与制作

项目描述

我们在使用 CorelDRAW X5 完成各种作品设计过程中，时常会需要对卡通形象形进行绘制。卡通形象的绘制通常需要我们具有一定的造型能力和对工具的熟练掌握，才能绘制出符合一般审美观点的形象。

学习目标

知识目标：熟悉"手绘工具""形状工具"交互式特效工具以及菜单中各项常用命令的使用。

能力目标：本项目要求熟练地掌握 CorelDRAW X5 各个工具的使用方法和技巧，并能熟练地运用到卡通形象的设计与制作中。

重点与难点

重点：交互式特效工具及"手绘工具"的使用。

难点：卡通形象的设计与制作。

项目简介

任务一　新年贺卡设计与制作

任务二　绘制卡通马仔插画

任务三　儿童画设计与制作

更多惊喜

任务一　新年贺卡设计与制作

【任务目标】

- 掌握交互式工具的使用。
- 重点掌握"填充工具""封套工具""透明工具""调和工具""阴影工具"的使用方法。
- 进一步熟练使用"贝塞尔工具"进行绘图。
- 通过学习，提高学生的设计能力，其中包括卡通造型、色彩的训练、图形的设计等能力。

【任务描述】

本任务主要讲解 CorelDRAW X5 的交互式工具和其他常用工具的使用方法。通过本任务的设计与制作，训练了学生的设计理念和操作技巧。

新年贺卡效果图如图 8-1 所示。

图8-1　新年贺卡效果图

【任务实施】

步骤 **01**　使用"椭圆工具"画一个椭圆，如图 8-2 所示，

步骤 **02**　按 Ctrl + D 组合复制椭圆，缩小一点，如图 8-3 所示。

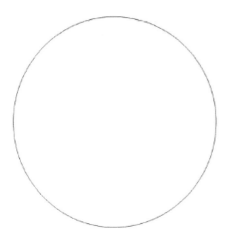

图8-2 绘制椭圆

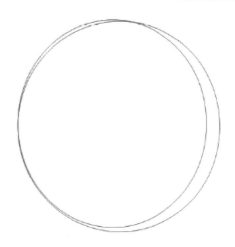

图8-3 复制椭圆

 小提示

图形复制的三种方法:

方法一: 单击"挑选工具", 选中这个矩形, 然后按住鼠标左键不放拖动图形, 右击, 即可复制。

方法二: 单击"挑选工具", 选中这个矩形, 然后直接按+键, 即可原地复制。

方法三: 先选需要复制的图形, 然后按住鼠标左键不放拖动图形, 按空格键即可复制。

步骤 **03** 设小椭圆的填充色为 C0、M20、Y40、K0, 无轮廓; 大椭圆的填充色为 C0、M60、Y60、K40, 轮廓为黑, 宽度为 0.75 mm, 如图 8-4 所示。

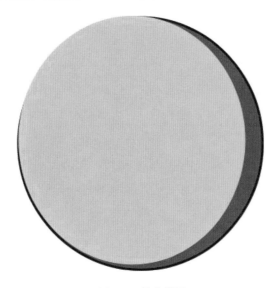

图8-4 填充椭圆

步骤 **04** 单击"调和工具", 在两个椭圆之间拉出一个调和, 步长设为 20, 使脸部的阴影与亮部过度的更加自然, 如图 8-5 所示。

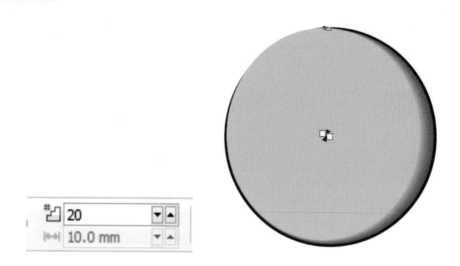

图8-5 调和图形

步骤 **05** 用"椭圆工具"画一个大椭圆，放在脸部下层，作为身体。轮廓为黑，宽度为1mm，如图 8-6 所示。

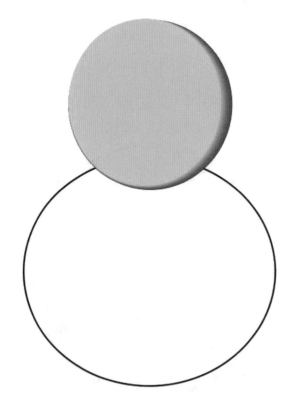

图8-6 绘制身体

步骤 **06** 选择身体的椭圆，使用"交互式填充工具"拉出一个从白到红的射线渐变，双击渐变线，添加一个色块，颜色为 C0、M67、Y67、K0，效果如图 8-7 所示。

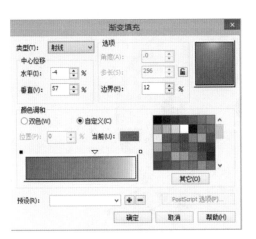

图8-7　绘制渐变

步骤 **07**　单击"椭圆工具"，按住 Ctrl 键画一大一小两个正圆，分别填充黑色和白色即可，按 Ctrl+G 组合键将眼睛群组，如图 8-8 所示。

 小提示

> 在绘制类似的图形时，为保持相对位置不变，常常需要用到"群组"命令。因此，应该养成使用"群组"命令的习惯。

步骤 **08**　选择已绘制的眼睛，按住 Ctrl 键平行拖动到右边，在释放左键的同时右击，即可水平复制出一份，完成眼睛，如图 8-9 所示。

小提示

> 选中要平移的图形，然后按住 Ctrl 或者 Shift 不放再移动图形，就能使图像平行或者垂直移动。

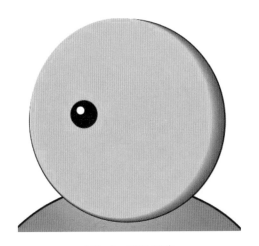

图8-8　群组眼睛

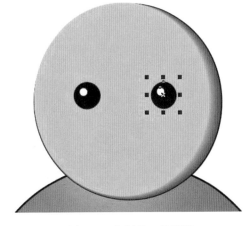

图8-9　绘制另一只眼睛

步骤 **09**　用"矩形工具" □ 在两个眼睛之间画出矩形，填充白色，无轮廓，如图 8-10 所示。

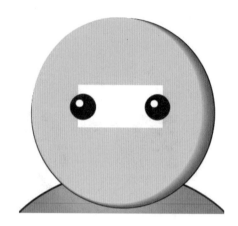

图8-10 绘制矩形

步骤 **10** 用"形状工具"按住角上任意一个结点拖动，就能调成圆角，边角圆滑度为50，如图 8-11 所示。

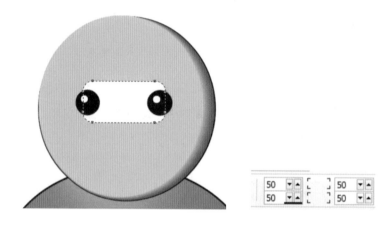

图8-11 调整成圆角

步骤 **11** 单击"封套工具"，调节封套上的结点，将矩形调整为图 8-12 所示的形状。

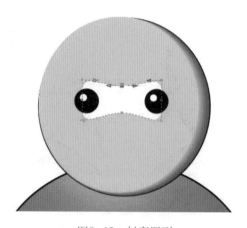

图8-12 封套图形

步骤 **12** 用"贝塞尔工具"（在任意两点处单击即可画出直线）画出四边形的眉毛的大概形状，再用"形状工具"进行调整，如图 8-13 所示。

 小提示

使用"贝塞尔工具"在任意两点处单击即可画出直线。

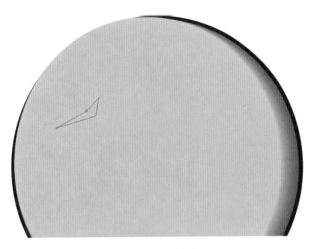

图8-13 绘制眉毛

步骤 **13** 给眉毛填充黑色，然后拖动到右边，释放时右击，即可复制出一份，水平翻转后形成一对眉毛，如图 8-14 所示。

图8-14 复制并镜像眉毛

小提示

在CorelDRAW中，"水平翻转"和"垂直翻转"都称之为"镜像"。

步骤 **14** 用"椭圆工具"画一个椭圆，再用"形状工具"按住圆上结点向内拖动，即可调节成半圆，如图 8-15 所示。

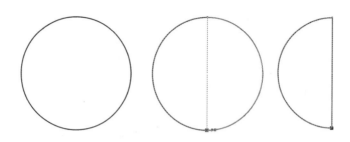

图8-15　绘制半圆

步骤 **15**　将绘制完成的半圆形状转换为曲线后调整到如图 8-16 所示的形状,形成耳朵,填充色为 C0、M20、Y40、K0,轮廓为黑,宽度为 0.7 mm。

步骤 **16**　用"贝塞尔工具"在耳朵内画出两条曲线,线条宽度也是 0.7 mm,如图 8-17 所示。

图8-16　调整形状

图8-17　绘制曲线

 小提示

用"贝塞尔工具"单击后拖动即可画出曲线。

步骤 **17**　将所画的耳朵全部框选并群组,放在面部最后一层,复制一份水平翻转后放在右边完成耳朵,如图 8-18 所示。

图8-18　复制耳朵

步骤 **18**　用"贝塞尔工具"画出三角形，用"形状工具"选中所有结点，右击，选择"到曲线"命令，将直线转化为曲线后调整到如图 8-19 所示的形状，形成嘴巴。

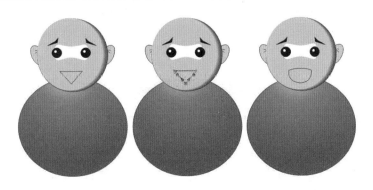

图8-18　绘制嘴巴

步骤 **19**　给嘴巴填充黑色，轮廓宽度为 0.7mm，如图 8-20 所示。

步骤 **20**　用"贝塞尔工具"在口中画出如图 8-21 所示的四边形。

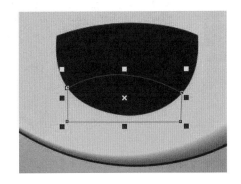

图8-20　填充黑色　　　　　　　　　　　　　　图8-21　绘制四边形

步骤 **21**　单击"排列"→"造型"→"造型"命令，打开"造型"泊坞窗。选中四边形，在下拉选项中选择"相交"，单击"相交"按钮，再单击嘴巴，得到相交部分，如图 8-22 所示。

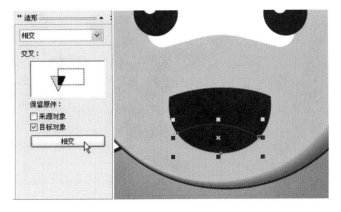

图8-22　相交图形

步骤 **22** 给相交后形成的舌头填充红色（C0、M67、Y67、K0），无轮廓，如图 8-23 所示。

图8-23 填充颜色

步骤 **23** 使用"形状工具"在舌头上添加锚点，调整舌头中间到如图 8-24 所示的形状即可。

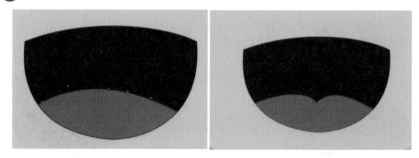

图8-24 调整舌头形状

步骤 **24** 绘制鼻子。与 14 步相同，先画椭圆，再用"形状工具"调节成半圆，填充黑色，如图 8-25 所示。

图8-25 绘制鼻子

步骤 **25** 选择鼻子并复制，垂直翻转后缩小到如图 8-26 所示的大小，调整位置，完成鼻子。

图8-26 复制鼻子

步骤 **26** 用"贝塞尔工具"画出如图 8-27 所示的三角形，形成胡须。

图8-27 绘制胡须图形

步骤 **27** 用"形状工具"选中三角形所有结点并右击，选择"到曲线"命令，将直线转化为曲线后调整到如图 8-28 所示的形状，形成胡须。

图8-28 调整形状

步骤 **28** 给胡须填充黑色，并复制一份，水平翻转后放在右边完成胡须，如图 8-29 所示。

图8-29 完成胡须的绘制

步骤 **29** 绘制乌纱帽。先用"贝塞尔工具"画出三角形，再用"形状工具"选中所有结点，右击，选择"到曲线"命令，将直线转化为曲线后调整到如图 8-30 所示的形状。

图8-30 绘制乌纱帽形状

步骤 **30** 用"交互填充工具"拉出一个从黑到白的线性渐变，轮廓为黑，宽度为 0.75mm，如图 8-31 所示。

图8-31 填充乌纱帽

步骤 **31**　选择帽子并复制一个，缩小一点后放在如图 8-32 所示的位置。

图8-32　复制并调整图形

步骤 **32**　帽子装饰。用"矩形工具"画一个小矩形，再用"形状工具"拖动角上结点调节为圆角矩形，边角圆滑度为 48，如图 8-33 所示。

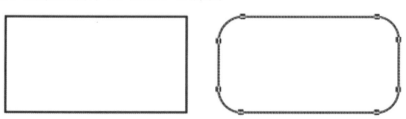

图8-33　绘制圆角矩形

步骤 **33**　给圆角矩形填充黑色，再居中复制出一个填充白色并缩小一点，如图 8-34 所示。再用"调和工具"在两个矩形之间拉出一个调和，步长设为 20。

图8-34　复制并调和矩形

步骤 **34**　将调和后的矩形群组后放在帽子上，如图 8-35 所示。

步骤 **35**　单击"椭圆工具"，按住 Ctrl 键绘制一个正圆，填充黄色，轮廓为黑，宽度为 1mm。然后单击"多边形工具"，边数设为 4，按住 Ctrl 键画出一个正菱形，如图 8-36 所示。

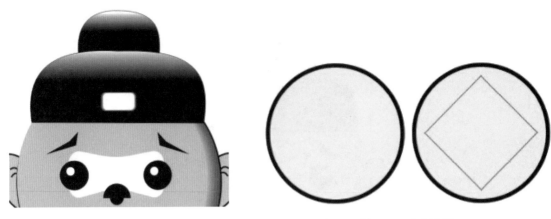

图8-35 调整位置　　　　　　　　　　　　　　　　　　　　图8-36 绘制帽翅

步骤 **36** 选择菱形，运用"形状工具"删除四边中间的锚点；再右击顶角的锚点，将其转化为曲线，将四边形的边向内调节，填充白色，轮廓宽度为1mm，如图8-37所示。

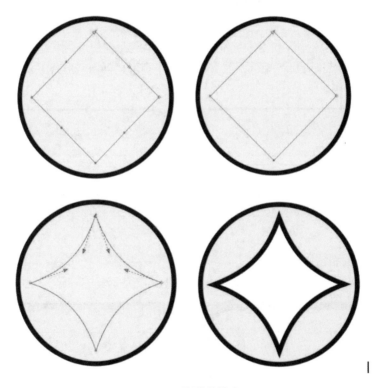

图8-37 调整并填充

步骤 **37** 在帽翅与帽子之间用"贝塞尔工具"画一条曲线相连，宽度为1mm。复制一份，水平翻转后放在右边，完成帽子，如图8-38所示。

步骤 **38** 用"椭圆工具"画一大一小两个椭圆，填充白色，轮廓无，放在头和身体层之间，并运用"阴影工具"对两个椭圆添加投影使其更有立体感，阴影不透明度为30，羽化度为10，如图8-39所示。

图8-38　复制并水平翻转幅翅

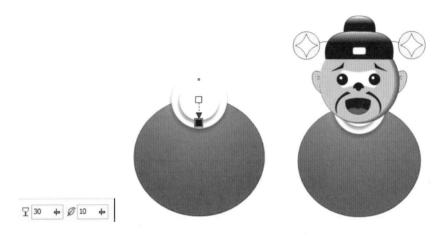

图8-39　制作领子

步骤 **39**　先用"贝塞尔工具"画一个四边形，再与身体相交，操作与第 21 步相同，如图 8-40 所示。

图8-40　相交图形

步骤 **40** 选择袖子上的所有锚点，将其转化为曲线，将其调整为如图 8-41 所示的形状，轮廓宽度设为 1mm。再用"填充工具"拉出如射线渐变，从 C0、M66、Y66、K0 到红。

图8-41 填充袖子

步骤 **41** 先用"贝塞尔工具"画一个四边形，再与袖子相交，操作与第 21 步相同，如图 8-42 所示。

图8-42 绘制袖口

步骤 **42** 将相交得到的袖口通过现状工具调整为如图 8-43 所示的形状，填充白色，轮廓宽度为 1mm，完成袖口。

步骤 **43** 用"椭圆工具"画一个小椭圆,填充色为 C0、M60、Y60、K40,轮廓宽度为 0.75mm,如图 8-44 所示。

...

图8-43 填充袖口   图8-44 绘制椭圆

步骤 **44** 将袖子和手群组，复制一份水平翻转后放在右边，如图 8-45 所示。

图8-45 复制图形

步骤 **45** 绘制脚。用"椭圆工具"画一个小椭圆与身体相交，操作与第 21 步相同。用"填充工具"拉出从黑到白的射线渐变，轮廓宽度为 1mm，如图 8-46 所示。

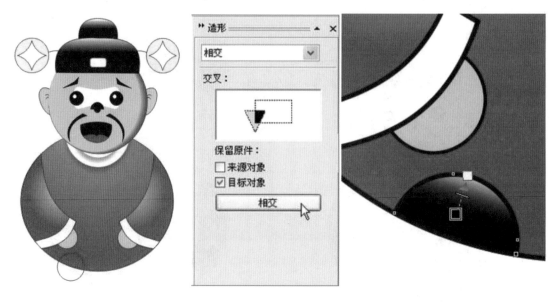

图8-46　绘制脚

步骤 **46**　复制一个脚水平翻转后放在右边,完成双脚,如图 8-47 所示。

图8-47　复制脚

步骤 **47**　先画一个长矩形填充白色,再画一个小矩形填充红色,复制出另外两个小矩形,摆放后群组。选择"封套工具",将腰带调节成如图 8-48 所示的形状。

步骤 **48**　将腰带放在手臂和身体层之间的位置,如图 8-49 所示。

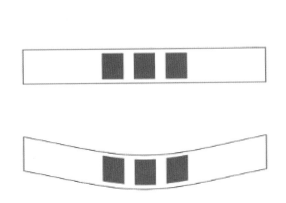

图8-48　绘制腰带　　　　　　　　　　图8-49　调整位置

步骤 **49**　使用"文字工具"输入"财"字，字体黑体，放置袖子上；运用"透明工具"对其透明度进行调整，如图 8-50 所示。

图8-50　输入文字

步骤 **50**　导入贺卡背景、恭贺新禧文字、金银财宝等素材图片，效果如图 8-51 所示。

图8-51 导入素材

步骤 **51** 使用"投影工具"给财神添加投影使其更加立体，效果如图 8-52 所示。

图8-52 添加投影

步骤 **52** 贺卡最终效果如图 8-53 所示。

图8-53 贺卡最终效果

任务二 绘制卡通马仔插画

【任务目标】

把握卡通动物生动、有趣的形象，熟练运用 CorelDRAW X5 绘制动物卡通形象。

【任务描述】

本任务主要讲解运用 CorelDRAW X5 各种基本工具绘制卡通马形象的方法。通过本任务的设计与制作，训练学生掌握动物卡通造形的能力。

卡通马仔插画如图 8-54 所示。

图8-54 卡通马仔插画

【任务实施】

步骤 **01** 打开 CorelDRAW X5 并创建一个新的文档，或者按 Ctrl+N 组合键新建一个空白文档，然后调整页面方向，如图 8-55 所示。

图8-55 新建文档

步骤 **02** 用"椭圆工具"画一个细长的椭圆，使用"转换为曲线"命令把它转化为曲线后，利用"形状工具"将其顶端拉高，使椭圆看起来显得尖锐，如图 8-56 所示。

步骤 **03** 把它填充为淡粉色（C0、M20、Y40、K0）作为马的内耳，保留轮廓线。将这个形状复制并粘贴到原来的位置上，将副本置后。用"形状工具"调节结点，使它成为马耳的形状，并填充为马的皮肤的颜色（C0、M20、Y20、K0）。完成之后，将这两部分成组。再复制一份，完成另一只耳朵，如图 8-57 所示。

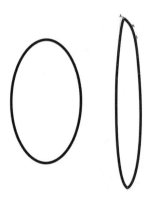

图8-56 绘制椭圆

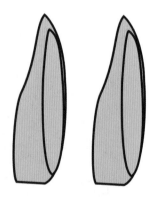

图8-57 填充并复制

步骤 **04** 使用"贝塞尔工具"绘制出马的脸和牙齿。这一部分的形状比较难控制，可以参考一些图片，绘制完成后进行填充。使用"椭圆工具"绘制出马的眼睛，然后使用"铅笔工具"绘制出马鼻子的形状，如图 8-58 所示。

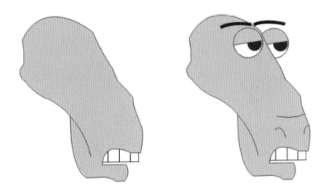

图8-58 绘制马脸和牙齿

步骤 **05** 使用"钢笔工具"或"贝塞尔工具"绘制出马的颈部并填充颜色，要保证头部和颈部之间不要留下空白，并勾勒出颈部的肌肉，如图 8-59 所示。

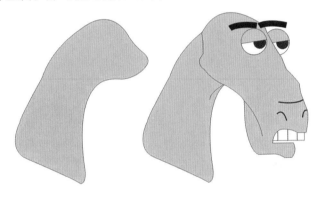

图8-59 绘制颈部

步骤 **06** 使用"钢笔工具"或"贝塞尔工具"绘制出马鬃的形状，并填充颜色，如图 8-60 所示。

图8-60 绘制马鬃

步骤 **07** 选把脸部、五官、颈部和马鬃组合起来，组成完整的马的头颈部。要注意各个部位之间的叠放关系及大小关系，如图 8-61 所示。

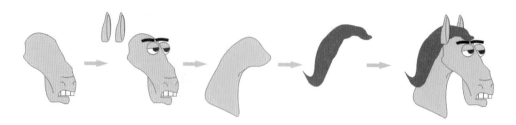

图8-61 完整的马颈部

步骤 **08** 绘制衬衣，衬衣覆盖了马的躯干和前肢，并填充颜色，如图 8-62 所示。

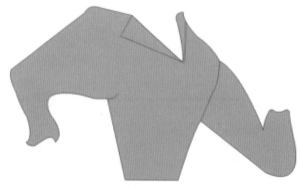

图8-62 绘制衬衣

步骤 **09** 把衬衣和颈部连接在一起，根据需要调整一些结点，使衬衣更适合马的颈部，如图 8-63 所示。

图8-63 调整结点

步骤 **10** 绘制马蹄，也可以将椭圆转换成曲线后进行调整，如图 8-64 所示。

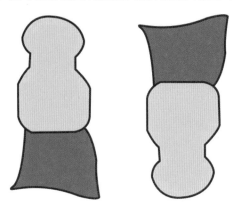

图8-64 绘制马蹄

步骤 **11** 把马蹄和马连接在一起，如图 8-65 所示。

图8-65 调整位置

步骤 **12** 绘制出马的两条后腿，也可以将椭圆转换成曲线后进行调整，如图 8-66 所示。

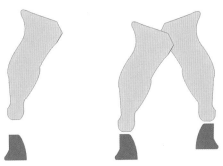

图8-66 绘制马后腿

步骤 **13** 绘制出马的裙子并填充颜色，如图8-67所示。

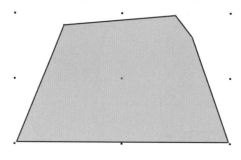

图8-67 绘制裙子

 小提示

也可以绘制裤子等衣服。

 小提示

组合完成后，按Ctrl+G组合键把它们组合在一起，这样可便于以后调整。

步骤 **14** 将前面绘制的各个部分组合起来完成整体效果，如图8-68所示。

图8-68 组合各部分

步骤 **15** 可根据自己的喜好给马的衣服进行各种颜色的搭配，如图8-69所示。

图8-69 调整颜色

步骤 **16** 导入背景图片完成最终效果，如图 8-70 所示。

图8-70 最终效果

任务三　儿童画设计与制作

【任务目标】

熟练运用 CorelDRAW X5 绘制女孩卡通形象。

【任务描述】

本任务主要讲解运用 CorelDRAW X5 的各种基本工具绘制女孩卡通形象的方法。通过本任务的设计与制作，训练学生的造形能力。

儿童画效果如图 8-71 所示。

图8-71　儿童画效果

【任务实施】

步骤 **01**　用"贝塞尔工具"画出如图 8-72 所示的五边形，用"形状工具"选中所有结点，按 Ctrl+Q 组合键转为曲线后调整形状。

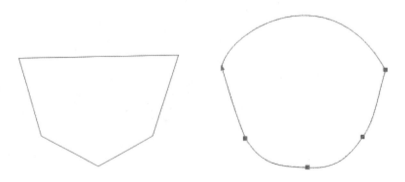

图8-72　绘制五边形

步骤 **02** 为脸部填充颜色（C3、M13、Y24、K0），轮廓为黑色，如图 8-73 所示。

图8-73 填充颜色

步骤 **03** 用"贝塞尔工具"画出如图 8-74 所示的半圆形，用"形状工具"选中所有结点，按 Ctrl+Q 组合键转为曲线后调整形状。

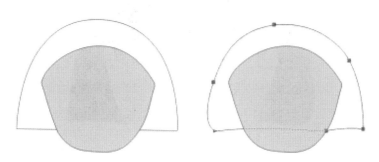

图8-74 绘制半圆

步骤 **04** 给头发填充黑色，按 Shift+Pagedown 组合键置于面部层之下，如图 8-75 所示。

图8-75 填充黑色

步骤 **05** 用"贝塞尔工具"画出如图 8-76 所示锯齿形刘海，用"形状工具"选中所有结点，转为曲线后调整各尖角为弧形。

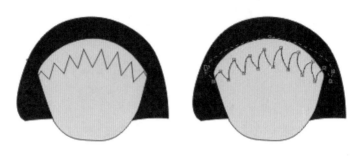

图8-76 绘制刘海

步骤 **06** 给刘海填充黑色，完成头发，如图 8-77 所示。

图8-77 填充黑色

步骤 **07** 用"贝塞尔工具"画出如图 8-78 所示小半圆形，填充色与脸部相同，放在脸部一侧作为耳朵。复制一个并水平翻转后放在另一边，完成耳朵。

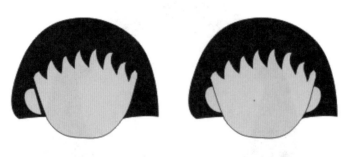

图8-78 绘制耳朵

步骤 **08** 用"矩形工具"画一个小矩形置于面部层之下作为脖子，如图 8-79 所示。

步骤 **09** 用"贝塞尔工具"画出身体的直线轮廓以定下人物的基本姿态，用"形状工具"选中所有结点，转为曲线后调整为裙子的形状，给裙子填充一个橙色，如图 8-80 所示。

图8-79　绘制脖子

图8-80　调整为裙子形状

步骤 ⑩　用"贝塞尔工具"在胳膊与身体相交处画两条曲线，形成袖子上的褶皱，如图 8-81 所示。

步骤 ⑪　用"贝塞尔工具"画出如图 8-82 所示的多角形的衣领，用"形状工具"选中所有结点，转为曲线后调整各尖角为弧形，填充淡黄色完成衣领。

图8-81　绘制褶皱

图8-82　绘制衣领

步骤 ⑫　用"贝塞尔工具"画出脚的直线轮廓，用"形状工具"选中所有结点，转为曲线后调整为如下形状，给脚也填充肉色（C3、M13、Y24、K0），轮廓为黑色，如图 8-83 所示。

图8-83　绘制脚

步骤 ⑬ 按＋键原地复制一只脚，用"形状工具"选中它顶端的两个结点并下移到如图 8-84 所示的位置，填充白色形成袜子。

步骤 ⑭ 将脚和袜子一起选中并群组。复制一份，水平翻转后放在另一边完成双脚，如图 8-85 所示。

图8-84　填充白色　　　　　　　　　　　　图8-85　复制脚

步骤 ⑮ 用"贝塞尔工具"画出左手的直线轮廓以定下手指的方向。用形状工具选中所有结点，转为曲线后调整平滑，用"形状工具"调整这只手的各个结点到如图 8-86 所示的形状，填充肉色，置于身体层之下完成左手的绘制。

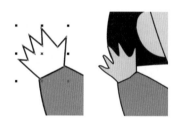

图8-86　绘制左手

步骤 ⑯ 选择绘制好的左手并复制，旋转一定的角度并放在另一边，用"形状工具"调整这只手的各个结点到如下形状，填充肉色，完成身体部分，如图 8-87 所示。

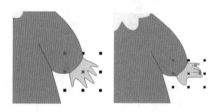

图8-87　制作右手

步骤 ⑰ 用"椭圆工具"画出一个小椭圆填充黑色，再画一个更小的椭圆填充白色放在黑眼睛上形成高光，如图 8-88 所示。

步骤 **18** 用"贝塞尔工具"画出如图 8-89 所示的半圆形,填充红色即可。

步骤 **19** 用"贝塞尔工具"画出如图 8-90 所示的弧形放在刘海上形成眉毛,宽度为 0.5mm。

图8-88 绘制眼

图8-89 绘制嘴巴

步骤 **20** 用"椭圆工具"画一个小椭圆,选择"填充工具",在椭圆上拉出一个从红到白的渐变,方式为射线,如图 8-91 所示。

图8-90 绘制眉毛

图8-91 绘制脸上红晕

步骤 **21** 导入背景图片,使用"投影工具"给女孩添加投影,完成最终效果,如图 8-92 所示。

图8-92 最终效果

项 目 实 训

【项目实训一】卡通小熊

根据本项目所学知识点绘制卡通小熊，也可根据自己的喜好对小熊的动作造型与色彩进行创新设计，效果如图 8-93 所示。

图8-93　实训一效果图

【项目实训二】可爱萌娃

根据本项目所学知识点绘制可爱萌娃卡通形象，也可根据自己的喜好对卡通形象的动作造型与色彩进行创新设计，效果如图 8-94 所示。

图8-94　实训二效果图

项 目 总 结

　　通过本项目的学习，使学生全面学习了交互式工具（填充工具、封套工具、透明工具、调和工具、阴影工具）的应用，加强了"贝塞尔工具""文字工具""矩形工具""椭圆工具"等的练习。

　　最后的效果通常取决于我们的绘图能力即造形能力，在绘制过程中要始终把握形象的整体，从大的部分绘制到小的细节的绘制方法，当造形能力稍逊一筹时，还可以选择临摹的方式进行绘制。

项目九

广告设计与制作

项目描述

在使用 CorelDRAW X5 进行广告的设计制作过程中，需要掌握一些广告的基础知识，才能设计制作出符合一般要求的广告作品。本项目介绍了一些基础的广告知识，并通过两个实例讲解了广告的基本制作过程。

学习目标

知识目标：学习广告基本构成要素（插图、标题、色彩、说明文字等）在广告设计中的运用方法。

能力目标：掌握广告设计的构成要素和基本的编排方法，并能在具体的设计制作中正确熟练地运用。

重点与难点

重点：广告设计中各种设计要素的综合使用。

难点：在广告设计中灵活掌握和运用 CorelDRAW X5 的各种工具。

项目简介

任务一　公益广告设计

任务二　商业广告设计

任务三　酒吧广告设计

更 多 惊 喜

任务一　公益广告设计

【任务目标】

- 掌握公益广告的设计方法。
- 重点掌握交互式工具的使用和花边、底纹在广告设计中的使用方法。
- 通过学习，提高学生的公益广告设计的能力。

【任务描述】

　　本任务主要讲解 CorelDRAW X5 的交互式工具、镜像工具、图框精确裁剪功能等常用工具在广告设计中使用方法。通过本任务的设计与制作，训练学生广告设计的理念和操作技巧。

　　公益广告效果图如图 9-1 所示。

图9-1　任务一效果图

【任务实施】

步骤 **01**　打开CorelDRAW X5软件，新建一个文件，在属性栏中输入页面大小为297mm×210mm。

步骤 **02**　单击"文件"→"导入"命令，导入一张背景图，将大小改为297mm×210mm，效果如图9-2所示。

图9-2　导入背景图

步骤 **03**　单击"排列"→"对齐与分布"→"在页面居中"命令，将其与页面重合，如图9-3所示。

步骤 **04**　单击"文字工具"，字体为方正汉真广标简体，大小为270pt，颜色为C63、M85、Y90、K21，在页面中间偏上的位置输入文字"365"，效果如图9-4所示。

步骤 **05**　将"365"文字复制一份，使用"垂直镜像"按钮将其垂直翻转制作投影，位置如图9-5所示。

步骤 **06**　对翻转的"365"应用"透明工具"，效果如图9-6所示。

图9-3 单击"在页面中居中"命令

图9-4 输入文字

图9-5 垂直镜像文字

图9-6 透明文字

步骤 07 导入四张素材图片，如图 9-7 所示。

(a)

(b)

(c)

(d)

图9-7 导入素材

步骤 **08**　选择一张素材图片，单击"效果"→"图框精确裁剪"→"放在容器中"命令，将图片放置于"365"的文字之中，效果如图9-8所示。

图9-8　将素材置于文字中

步骤 **09**　右击，选择"编辑内容"命令，可以调整图片大小及位置，效果如图9-9所示。

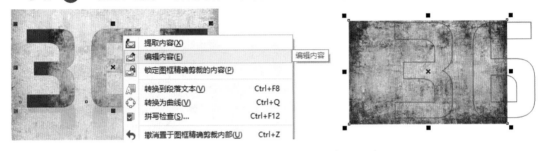

图9-9　调整图片大小及位置

步骤 **10**　调整完位置后可再次右击，选择"结束编辑"命令，效果如图9-10所示。

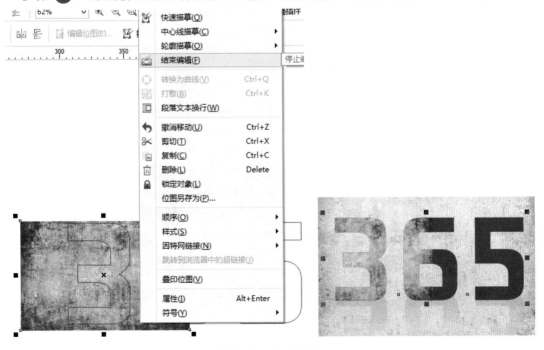

图9-10　结束编辑

小提示

图框精确裁剪的作用是：将文本或图形放到一个容器中，使图形保持在容器范围内且形状变为容器的形状，这个容器必须是矢量图形或者外框才可置入。右击容器，在快捷菜单中选择"精确裁剪到内部"命令，如图9-11所示。

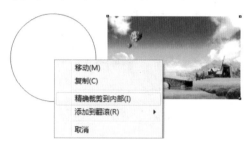

图9-11 选择"精确裁剪到内部"命令

编辑内容的作用是：将已经置入到容器中的图形进行编辑，也就是说要进入到容器中编辑容器内的文本或图形。具体操作方法是：右击容器，在快捷菜单中选择"编辑内容"命令（见图9-12），即可进入容器内编辑容器里面的内容。编辑完成后，右击内容，选择"完成编辑这一级"命令即可回到容器外。

图9-12 选择"编辑内容"命令

步骤 11 按照步骤6～8完成另外三张素材图片的编辑，效果如图9-13所示。

图9-13 其他图片的编辑

步骤 12 使用"文字工具"输入广告一级标题，字体为方正汉真广标简体大小为60pt，颜色为 C63、M85、Y90、K21，效果如图 9-14 所示。

步骤 **13** 使用"文字工具"输入广告二级标题，字体为方正行楷简体，大小为 24pt，颜色为 C63、M85、Y90、K21，效果如图 9-15 所示。

图9-14 输入文字1

图9-15 输入文字2

步骤 **14** 使用"文字工具"输入英文，字体为 stencil 大小为 30pt，颜色为 C63、M85、Y90、K21，效果如图 9-16 所示。

步骤 **15** 导入花纹素材，效果如图 9-17 所示。

图9-16 输入英文

图9-17 导入花纹

小提示

花边、底纹平面广告设计的作用:

①突出重点,造成强势。重要稿件可以借助线条使其地位突出。如给整篇文章加外框,或在文章的栏隙内加细线等,就会因与其他文章在版面处理上的不同而引起读者的注意。

②区分作用。在文章与文章之间加花边,使文章更清楚地分开,避免错觉,以便阅读。

③结合作用。一组反映同一主题的稿件,往往需要用花边将他们归纳到一起,形成一个整体的感觉,以便与其他类型的稿子区分。

④表达感情。由于花边的形状各不相同,他们的风格和感情色彩也不同。由各种花纹组成的花边显得比较生动、活泼,装饰性较强;文武线和粗细不同的直线则显得朴实、深沉、严肃。喜讯、好人好事、奇闻异事等适宜用花边装饰;而批判性或揭露性的报道、反映困难情况的报道、能引起人们哀痛情绪的报道,则不宜加带花纹的花边。

⑤美化作用。版面上适当运用线条,可以使整个版面增加变化,显得生动。花边具有一定的造型美,也能产生装饰性的审美效果。

⑥形成版面风格。遵循一定的规律运用线条,还可以形成某种版面风格。

步骤 **16** 在页面底部拖出 8 条横向辅助线,1 条竖直的辅助线。辅助线间隔 10mm,效果如图 9-18 所示。

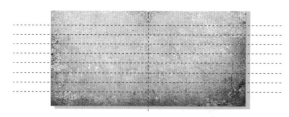

图9-18 绘制辅助线

步骤 **17** 在辅助线内,输入文字,字体为方正启体简体,大小为 22pt,颜色为 C63、M85、Y90、K21,效果如图 9-19 所示。

图9-19 输入文字

步骤 **18** 在文字后绘制矩形，颜色为 C62、M80、Y78、K40，无轮廓，可以绘制出第一个后，再复制多个调整长度后依次放在文字后面，效果如图 9-20 所示。

图9-20 复制多个矩形并调整长度

小提示

复制图形的技巧，选中矩形，单击"排列"→"变换"→"位置"命令，设置如图9-21所示。

图9-21 单击"位置"命令

步骤 **19** 为矩形方块添加特效。选择矩形，利用"透明工具"添加高光效果，效果如图 9-22 所示。

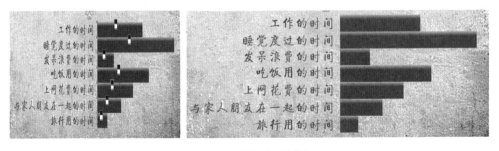

图9-22 添加高光效果

步骤 **20** 为矩形添加比例值，效果如图 9-23 所示。

步骤 **21** 添加英文文字，字体为 stencil 大小为 0pt，颜色为 C63、M85、Y90、K21，效果如图 9-24 所示。

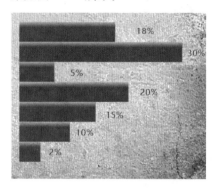

图9-23 添加比例值   图9-24 添加文字

步骤 **22** 导入素材图片，完成最终效果，效果如图 9-25 所示。

图9-25 最终效果

任务二 商业广告设计

【任务目标】

- 掌握商业广告的设计方法。
- 重点掌握矩形工具、多边形工具的使用。
- 通过学习，提高学生的商业广告设计的能力。

【任务描述】

本任务主要讲解 CorelDRAW X5 的"矩形工具""多边形工具""挑选工具"等常用工具在广告设计中使用方法。通过本任务的设计与制作，训练学生广告设计的理念和操作技巧。

商业广告效果图如图 9-26 所示。

图9-26 任务二效果图

【任务实施】

步骤 **01** 新建画布尺寸：297mm × 210mm，颜色模式为 CMYK 的文件。绘制一个大小同样为 297mm × 210mm 的矩形，将颜色填充为 C0、M84、Y69、K0，效果如图 9-27 所示。

步骤 **02** 选中矩形，单击"排列"→"对齐和分布"→"在页面居中"命令，使矩形与页面对齐，设置如图 9-28 所示。

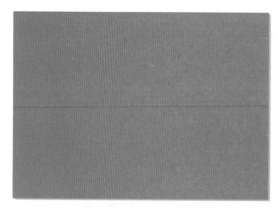

图9-27　绘制矩形　　　　　　　　　　图9-28　单击"在页面居中"命令

步骤 **03**　绘制一个矩形，将颜色填充为C0、M42、Y97、K0，并将其旋转适当角度，效果如图9-29所示。

图9-29　绘制矩形

步骤 **04**　选中图形，将轮廓色改为无，并单击"对象管理器"泊坞窗中黄色矩形对应的图层，右击，单击"转换为曲线"命令，调整矩形的四个角，将其调整为如图9-30所示的图形。

步骤 **05**　选中黄色矩形，将其复制两个，并将颜色改为C64、M0、Y100、K0和C73、M85、Y0、K0，效果如图9-31所示。

步骤 **06**　单击"多边形工具"，在属性栏中将其设置为三角形，在图中绘制一个三角形，颜色为C69、M0、Y27、K0。还可以多复制几个，放在不同的地方，效果如图9-32所示。

图9-30 单击"转换为曲线"命令

图9-31

图9-32

步骤 **07** 单击"矩形工具"，将其大小设置为1mm×70mm，颜色为白色，无轮廓。复制多个，放在合适位置，效果如图9-33所示。

步骤 **08** 使用"矩形工具"设置大小为30mm×3mm，颜色改为C0、M29、Y95、K0，绘制一个矩形，再将所画矩形复制一个进行旋转与缩放，然后选中两个矩形，按Ctrl+G组合键将两个矩形图层成组，效果如图9-34所示。

图9-33 绘制矩形

图9-34 旋转矩形

步骤 **09**   再复制一组，使用"镜像工具"并放在合适位置。

步骤 **10**   再复制一组，先右击图层组选择"取消群组"命令，如图图9-35所示。解组后，单击短的一个矩形，再将其删除，将长的矩形复制一个，将其组成如图9-36所示的效果。

图9-35 单击"取消群组"命令

图9-36 组成效果

步骤 **11**   使用"多边形工具"绘制一个三角形，可按实际情况决定大小，再用"滴管工具"吸取黄色矩形的颜色，将鼠标移到三角形处，便可以填充颜色，效果如图9-37所示。

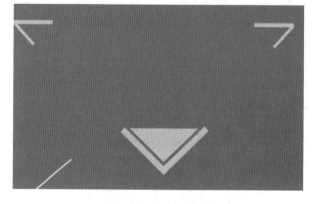

图9-37 绘制三角形

步骤 **12**　输入文字，上面的字字体为微软雅黑，大小为 26pt；下面的字体为方正汉真广标简体，大小为 48pt 和 100pt，再选中所有的字体改为白色。效果如图 9-38 所示。

图9-38　输入文字

步骤 **13**　再绘制一个矩形，大小为 175mm × 20mm，将轮廓色改为白色，无填充颜色，设置如图 9-39 所示。

步骤 **14**　在矩形中输入文字，颜色为白色，大小为 30pt，字体为微软雅黑，效果如图 9-40 所示。

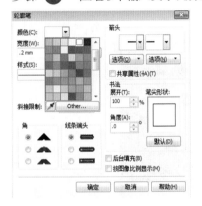

图9-39　设置矩形参数

图9-40　输入文字

步骤 **15**　单击"文件"→"导入"命令导入两张图片，将其放到适当的位置，效果如图 9-41 所示。

图9-41　导入素材

任务三　酒吧广告设计

【任务目标】

- 掌握酒吧、门店广告的设计方法。
- 重点掌握"贝塞尔工具""星形工具"的使用。
- 通过学习，提高学生的门店广告设计的能力。

【任务描述】

本任务主要讲解 CorelDRAW X5 的图形模式的转化，"贝塞尔工具""星形工具""文字工具"等常用工具在广告设计中的使用方法。通过本任务的设计与制作，训练学生广告设计的理念和操作技巧。

酒吧广告如图 9–42 所示。

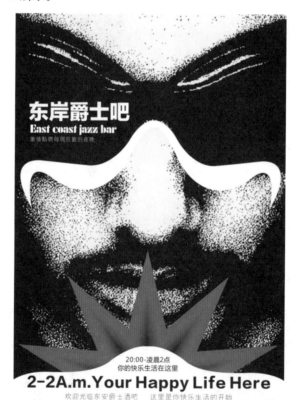

图9–42　酒吧广告

【任务实施】

步骤 **01**　新建画布尺寸：210mm×297mm，颜色模式为 C M Y K 模式的文件，效果如图 9–43 所示。

步骤 **02** 导入素材图片，将图片大小调整为 210mm×297mm，单击"排列"→"对齐和分布"→"在页面居中"命令，使矩形与页面对齐，效果如图 9-44 所示。

图9-43 绘制矩形　　　　　　　　　　　　图9-44 导入素材

步骤 **03** 将素材图片转化为黑白效果，单击"位图"→"模式"→"黑白"命令，参数设置如图 9-45 所示。

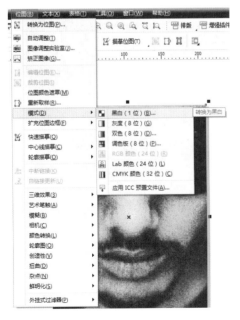

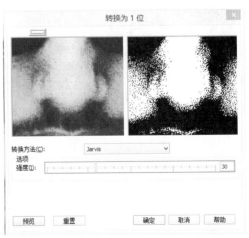

图9-45 导入素材并更改模式

步骤 **04** 选择调整后的素材图片，单击调色板为其上色：C0、M0、Y40、K0，效果如图 9-46 所示。

步骤 **05** 单击"星形工具"，边数调整为 10，按住 Ctrl 键绘制一个正 10 边星形，颜色为 C20、M80、Y0、K0，描边为无，效果如图 9-47 所示。

图9-46　更改颜色后的效果

图9-47　绘制星形

步骤 **06** 选择星形向中心复制一份，填充黑色，使用"调和工具"进行调和，步长为 20，效果如图 9-48 所示。

图9-48　调和效果

步骤 **07** 绘制一个的矩形，宽 210、高 120，颜色为无，描边为黑色，效果如图 9-49 所示。

步骤 **08**　选择星形，单击"效果"→"图框精确裁剪"→"放置在容器中"命令，将其放置在刚绘制的矩形中，并调整位置，效果如图 9−50 所示。

步骤 **09**　选择矩形，去掉边框，使其与页面中对齐、底对齐，效果如图 9−51 所示。

步骤 **10**　选择"贝塞尔工具"在鼻子上方绘制图形，填充白色，效果如图 9−52 所示。

图10−49　绘制矩形

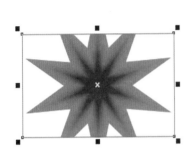
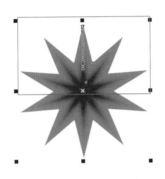

图9−50　调整位置

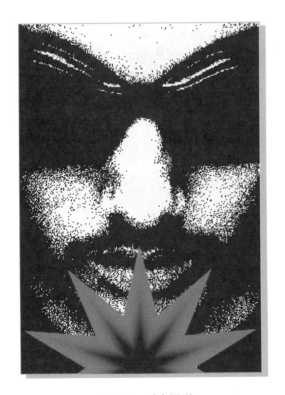

图9−51　对齐图形

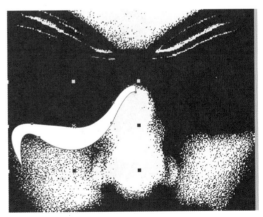

图9−52　绘制图形

步骤 **11**　将刚绘制的图形复制一份，并水平镜像，效果如图 9−53 所示。

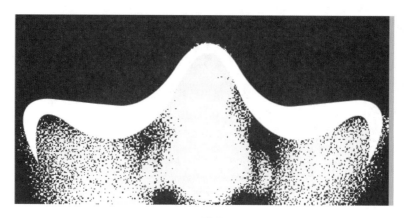

图9-53　镜像图形

步骤 **12**　使用"贝塞尔工具"在页面下方绘制一个波浪形图形（绘制方法与步骤11相同），填充白色，效果如图9-54所示。

图9-54　绘制波浪形

步骤 **13**　输入文字，完成最终效果，效果如图9-55所示。

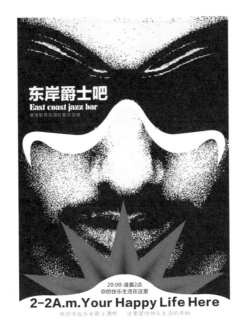

图9-55 最终效果

项 目 实 训

【项目实训一】圣诞节广告设计与制作

按照所给广告图片设计一幅圣诞节广告，构图和色彩可根据自己的喜爱和设计理念自行设计，效果如图9-56所示。

图9-56 实训一效果图

【项目实训二】关爱地球广告设计与制作

按照所给广告图片设计一幅公益广告，构图和色彩可根据自己的喜爱和设计理念自行设计，效果如图9-57所示。

图9-57　实训二效果图

项 目 总 结

通过本项目的学习，使同学全面学习了CorelDRAW X5在广告设计中的运用，项目中涉及的知识点内容较多，画面设计比较复杂，读者可以根据自己的想法进行组织排版，这样可以很好地锻炼读者的设计能力。需要注意的是，案例中的内容虽然比较多，但并没有操作上的技术难度，只要读者认真仔细地去操作，相信都能够完成作品的最终效果。